U0161883

Unity
人工智能实战
（原书第2版）

Unity 2018 Artificial Intelligence Cookbook, Second Edition

[智利] 豪尔赫·帕拉西奥斯(Jorge Palacios) 著

童明 译

机械工业出版社
China Machine Press

图书在版编目（CIP）数据

Unity 人工智能实战（原书第 2 版）/（智）豪尔赫·帕拉西奥斯（Jorge Palacios）著；童明译．—北京：机械工业出版社，2021.1（2021.11 重印）
（游戏开发与设计技术丛书）
书名原文：Unity 2018 Artificial Intelligence Cookbook, Second Edition

ISBN 978-7-111-67036-0

I. U… II. ①豪… ②童… III. 游戏程序－程序设计 IV. TP317.6

中国版本图书馆 CIP 数据核字（2020）第 245072 号

本书版权登记号：图字 01-2020-1659

Jorge Palacios: *Unity 2018 Artificial Intelligence Cookbook, Second Edition* (ISBN: 978-1788626170).

Copyright © 2018 Packt Publishing. First published in the English language under the title “Unity 2018 Artificial Intelligence Cookbook, Second Edition”.

All rights reserved.

Chinese simplified language edition published by China Machine Press.

Copyright © 2021 by China Machine Press.

本书中文简体字版由 Packt Publishing 授权机械工业出版社独家出版。未经出版者书面许可，不得以任何方式复制或抄袭本书内容。

Unity 人工智能实战（原书第 2 版）

出版发行：机械工业出版社（北京市西城区百万庄大街 22 号 邮政编码：100037）

责任编辑：李忠明　　责任校对：殷　虹

印　　刷：北京市荣盛彩色印刷有限公司　　版　　次：2021 年 11 月第 1 版第 2 次印刷

开　　本：186mm×240mm 1/16　　印　　张：14.5

书　　号：ISBN 978-7-111-67036-0　　定　　价：79.00 元

客服电话：（010）88361066 88379833 68326294　　投稿热线：（010）88379604

华章网站：www.hzbook.com　　读者信箱：hzjsj@hzbook.com

版权所有·侵权必究

封底无防伪标均为盗版

本书法律顾问：北京大成律师事务所 韩光 / 邹晓东

  人工智能技术已经渗透到了软件工程和互联网领域，软件因而具有了分析、决策、感知和学习的能力。而在游戏开发领域，则更需要智能化的游戏环境和游戏玩法，比如更聪明的敌人、更智能的场景、更人性化的操作，让游戏更具有挑战和乐趣，从而进一步增加游戏的可玩性。

  Unity 作为当今游戏开发的主流开发平台，结合时下火热的人工智能技术，必然能帮助游戏开发者碰撞出新的火花。本书涵盖了物体的智能移动、智能寻路、决策制定、地形生成、智能战术，模拟人的听觉、视觉、嗅觉的感知，棋类游戏的智能对手、机器学习、智能生成内容等技术，这些技术适用于多种类型的游戏，比如动作类游戏、冒险类游戏、战略游戏、策略游戏、棋类游戏等。作者将这些内容以实例的方式由浅入深地介绍给读者，让读者可以直观认识这些技术，并能够结合实战，真正掌握这些技术，而每个实例之后的原理性讲解，也能够帮助读者知其然且知其所以然。

  作为一个技术人员，我在翻译时力求做到忠实于原文，表达简练，便于读者理解。但鉴于本人才疏学浅，对于译文中的纰漏和不足，恳请读者批评指正。在此感谢机械工业出版社华章公司王春华老师对我的信任。

  本书若能够让读者学习到新的知识、拓展思维方式，便是一件令人愉快的事情！

童　明

2020 年 11 月于成都

前　　言 *Preface*

当我们思考人工智能（AI）时，脑海中会涌入很多话题。从简单的诸如跟随或避开玩家的行为，到经典的"象棋对战"AI，再到机器学习抑或程序化内容生成中最前沿的技术。

谈论 Unity 意味着谈论游戏开发的大众化。得益于 Unity 的易用性、快节奏的技术演进、日益繁荣的开发者社区，以及新的云服务技术的出现，Unity 已经成为游戏行业中最重要的软件之一。

基于这些考虑，写作本书的主要目的一是让读者在技术层面上深入理解 Unity，遵循最佳实践和惯例，二是提供帮助读者领悟 AI 概念和技巧的理论知识，以便读者能够在这两方面获益，从而获得自身发展和专业提升。

本书将介绍构建强大的 AI 所需的工具，既可以创建更聪明的敌人，改进大 boss，也可以构建自定义的 AI 引擎。本书旨在成为使用 Unity 开发 AI 游戏的一站式参考。

欢迎踏上本次令人激动的旅程，了解各种对专业人员或者非专业人员来说非常有意义的内容——编程、游戏开发、AI，以及与其他开发者分享知识。想到你们将会阅读我的作品，我就无比地激动和喜悦，同时也非常感谢 Packt 团队给予我这个难得的机会。希望本书不仅能帮助你们在 Unity 和 AI 技术方面提升一个新的台阶，还能够将吸引玩家的新功能加入游戏中。

目标读者

本书的目标读者是已经具有一定的 Unity 基础知识，渴望获取更多的工具来解决 AI 和游戏玩法相关问题的人。

本书内容

第 1 章探究几个有趣的移动算法，这些算法基于 Craig Reynolds 与 Ian Millington 开发的转向行为（steering behavior）原则，是绝大多数高级游戏和其他一些依赖于移动的算法（比如寻路算法家族）的基础。

第 2 章涵盖了用于导航复杂场景的寻路算法。该章包含一些使用不同的图结构来表示游戏世界的方法，以及几个用于寻路的算法，每种算法针对的场景有所不同。

第 3 章解释不同的决策制定技术，这些技术能够灵活地适应不同类型的游戏，并且足够健壮地让我们构建模块化的决策制定系统。

第 4 章揭示 Unity 5.6 中引入的 NavMesh API 的内部原理，解释如何掌握 NavMesh 的强大之处，以及实时优化。

第 5 章涉及几篇不同的教程，把不同的 agent 协调成一个整体，比如基于图表（如路径点和势力图）制定战术策略的编队技巧。

第 6 章探究了几种在 agent 上模拟感官刺激的不同方式。我们将学习如何使用已知的工具来创建这些模拟器：碰撞器和图。

第 7 章涵盖了用于开发棋类游戏的一个算法家族，以及创建 AI 的基于回合的游戏技术。

第 8 章探索机器学习领域，该章是我们学习并将机器学习技术应用到游戏中的极好开端。

第 9 章探究使用程序化内容生成来实现游戏可重玩性的几种不同技术。该章是生成不同类型的内容的指南。

第 10 章介绍一些新技术，以及使用前几章中学过的算法创建不完全符合特定类别的新行为。

如何充分利用本书

每一位具有编程背景的读者都能够从本书中获益良多。没有太多编程背景但有计算机科学坚实基础的人也能够从这些用 Unity 实现的示例中受益。

在开始之前，需要了解编程、数据结构，以及 C# 的基础知识。我们假设你能使用 Unity 创建脚本组件，并且已经开发过一些原型。

如果你已经从 Unity 的网站 https://unity3d.com/learn/tutorials/s/scripting 了解过入门级和中级的游戏脚本，我们相信你将会从本书中受益匪浅。

书中代码用 Unity、Visual Studio 社区版和 Visual Studio Code 编写，后面两种的性能更好，并且在 Windows 和 Mac 操作系统上表现一致，而 Unity 一般只用于 Windows 开发环境。

下载示例代码及彩色图像

本书的示例代码及所有截图和样图，可以从 http://www.packtpub.com 通过个人账号下载，也可以访问华章图书官网 http://www.hzbook.com，通过注册并登录个人账号下载。

本书的代码包还托管在 GitHub 网站上，网址为 https://github.com/PacktPublishing/Unity-2018-Artificial-Intelligence-Cookbook-Second-Edition，以便更新代码后你也能从 GitHub 仓库中获取最新代码。

排版约定

本书中有一些排版约定。

代码体：表示正文中的代码、数据库的表名、文件夹名、文件名、文件扩展名、路径名、短网址、用户输入、Twitter 链接。例如，"Agent 是主要组件，它利用行为创建智能移动。"

下面是一段代码：

```
public override void Awake()
{
    base.Awake();
    targetAgent = target.GetComponent<Agent>();
    targetAux = target;
    target = new GameObject();
}
```

当我们想要提醒你注意代码中的某一部分时，相关的代码会加粗：

```
public override void Awake()
{
    base.Awake();
    targetAgent = target.GetComponent<Agent>();
    targetAux = target;
    target = new GameObject();
}
```

加粗：表示新的术语、重要的词语，或者屏幕上看到的词语。例如，菜单或对话框中出现的词语会加粗。例如，"我们还需要把 Agent 脚本组件附加到上面。"

 表示警告或重要提示。

 表示提示和小技巧。

结构安排

在本书中，你会发现几个频繁出现的标题（准备工作、操作步骤、运行原理、延伸阅读、其他参考）。

为了让读者完成每种方法时有一个明确的指示，我们像下面这样安排内容。

准备工作

介绍该节的学习目标，并描述如何安装需要的软件或者软件的初步配置。

操作步骤

完成该方法时所需要的步骤。

运行原理

通常包含对上一节中的成果的具体解释。

延伸阅读

包含一些关于该方法的额外信息，以便让读者了解该方法的延伸知识。

其他参考

包含一些关于该方法的其他有用信息的链接。

目 录 *Contents*

行为——智能移动

本章中，我们将通过以下内容，学习开发用于智能移动的 AI 算法：

☐ 创建行为模板

☐ 追赶和逃跑

☐ 为物理引擎调整 agent

☐ 到达和离开

☐ 朝向物体

☐ 徘徊

☐ 按路径移动

☐ 避开 agent

☐ 避开墙体

☐ 通过权重融合多个行为

☐ 通过优先级融合多个行为

☐ 射击抛射体

☐ 预测抛射体的着陆点

☐ 锁定抛射体

☐ 创建跳跃系统

1.1　简介

Unity 作为最流行的游戏引擎之一已经持续很长时间，而且事实上它大概是独立开发者首选的游戏开发工具，不仅因为其低门槛的商业模式，还有其强健的游戏工程编辑器和逐年的技术演进，最重要的是 Unity 的易用性和全球范围内日益壮大的开发者社区。

得益于 Unity 在游戏场景背后做的很多工作（比如渲染、物理、集成以及跨平台布署），我们可以把注意力集中于创建把游戏带到生活中的 AI 系统，在转眼之间即可创建极好的实时游戏体验。

本书的目标是为读者介绍如何构建体验良好的 AI 的工具箱，创建更聪明的敌人，改进大 boss，甚至构建自己的 AI 引擎。

本章将从学习某些最有趣的移动算法开始，这些算法基于 Craig Reynolds 和 Ian Millington 一起开发的转向行为原则，本章介绍的实用方法是绝大多数用于高级游戏以及其他依赖于移动的算法（比如寻路算法家族）的 AI 的基石。

1.2 创建行为模板

在创建行为之前，需要先编写基础代码，这些代码不仅有助于创建智能移动，还可以用于构建模块化的系统，以修改和添加这些行为。我们将创建自定义的数据类型以及本章中用到的大多数算法的基类。

准备工作

第一步是记住更新函数的执行顺序：

❑ Update

❑ LateUpdate

操作步骤

我们需要创建 3 个类：Steering、AgentBehaviour 和 Agent：

1. Steering 类作为一种自定义数据类型，用于存储 agent 的移动和旋转：

```
using UnityEngine;
public class Steering
{
  public float angular;
  public Vector3 linear;
  public Steering ()
  {
    angular = 0.0f;
    linear = new Vector3();
  }
}
```

2. AgentBehaviour 类是本章中大多数要用到的行为的模板类：

```
using UnityEngine;
public class AgentBehaviour : MonoBehaviour
```

```
{
  public GameObject target;
  protected Agent agent;
  public virtual void Awake ()
  {
    agent = gameObject.GetComponent<Agent>();
  }
  public virtual void Update ()
  {
      agent.SetSteering(GetSteering());
  }
  public virtual Steering GetSteering ()
  {
    return new Steering();
  }
}
```

3. Agent 类是主要组件，它利用行为来创建智能移动。创建文件及其基本要素：

```
using UnityEngine;
using System.Collections;
public class Agent : MonoBehaviour
{
    public float maxSpeed;
    public float maxAccel;
    public float orientation;
    public float rotation;
    public Vector3 velocity;
    protected Steering steering;
    void Start ()
    {
        velocity = Vector3.zero;
        steering = new Steering();
    }
    public void SetSteering (Steering steering)
    {
        this.steering = steering;
    }
}
```

4. 编写 Update 函数，根据当前的速度值和方向值控制移动：

```
public virtual void Update ()
{
    Vector3 displacement = velocity * Time.deltaTime;
    orientation += rotation * Time.deltaTime;
    // we need to limit the orientation values
    // to be in the range (0 - 360)
    if (orientation < 0.0f)
        orientation += 360.0f;
    else if (orientation > 360.0f)
        orientation -= 360.0f;
    transform.Translate(displacement, Space.World);
    transform.rotation = new Quaternion();
    transform.Rotate(Vector3.up, orientation);
}
```

5. 实现 LateUpdate 函数，根据当前帧的计算值来更新下一帧的 steering（转向）值：

```
public virtual void LateUpdate ()
{
    velocity += steering.linear * Time.deltaTime;
    rotation += steering.angular * Time.deltaTime;
    if (velocity.magnitude > maxSpeed)
    {
        velocity.Normalize();
        velocity = velocity * maxSpeed;
    }
    if (steering.angular == 0.0f)
    {
        rotation = 0.0f;
    }
    if (steering.linear.sqrMagnitude == 0.0f)
    {
        velocity = Vector3.zero;
    }
    steering = new Steering();
}
```

运行原理

本节的关键思路是把移动逻辑放进随后将要构建的行为的 GetSteering() 函数内部,这样就可以把 agent 的类精简到只包含主要的计算过程。

另外,得益于 Unity 脚本和函数的执行顺序,我们能够保证 agent 的 steering 值在使用之前已经被初始化了。

延伸阅读

这是一种基于组件的方法,意味着我们必须记得要把 Agent 脚本附加到 GameObject 上,以便让转向行为达到预期结果。

其他参考

关于 Unity 的游戏的消息循环以及脚本和函数执行顺序的更多信息,请参阅官方文档:
- ❏ http://docs.unity3d.com/Manual/ExecutionOrder.html
- ❏ https://docs.unity3d.com/Manual/class-MonoManager.html

1.3 追赶和逃跑

追赶和逃跑这两种行为作为学习的开端非常好,因为它们依赖于大多数基础行为,然后通过预测目标的下一步行动来扩展功能。

准备工作

我们需要两个叫作 Seek 和 Flee 的基础行为,在脚本的执行顺序中把它们放在 Agent

类之后。

下面是 Seek 行为的代码：

```
using UnityEngine;
using System.Collections;
public class Seek : AgentBehaviour
{
    public override Steering GetSteering()
    {
        Steering steering = new Steering();
        steering.linear = target.transform.position - transform.position;
        steering.linear.Normalize();
        steering.linear = steering.linear * agent.maxAccel;
        return steering;
    }
}
```

还需要实现 Flee 行为：

```
using UnityEngine;
using System.Collections;
public class Flee : AgentBehaviour
{
    public override Steering GetSteering()
    {
        Steering steering = new Steering();
        steering.linear = transform.position - target.transform.position;
        steering.linear.Normalize();
        steering.linear = steering.linear * agent.maxAccel;
        return steering;
    }
}
```

操作步骤

Pursue（追赶）和 Evade（逃跑）本质上是相同的算法，但派生它们的基类不同。

1. 创建继承于 Seek 类的 Pursue 类，并添加用于保存预测值的属性：

```
using UnityEngine;
using System.Collections;

public class Pursue : Seek
{
    public float maxPrediction;
    private GameObject targetAux;
    private Agent targetAgent;
}
```

2. 实现 Awake 函数，用于根据实际目标初始化所有属性：

```
public override void Awake() { base.Awake(); targetAgent =
target.GetComponent<Agent>(); targetAux = target; target = new
GameObject(); }
```

3. 实现 OnDestroy 函数，以便合理地管理内部对象：

```
void OnDestroy ()
{
    Destroy(targetAux);
}
```

4. 实现 `GetSteering` 函数：

```
public override Steering GetSteering()
{
    Vector3 direction = targetAux.transform.position -
transform.position;
    float distance = direction.magnitude;
    float speed = agent.velocity.magnitude;
    float prediction;
    if (speed <= distance / maxPrediction)
        prediction = maxPrediction;
    else
        prediction = distance / speed;
    target.transform.position = targetAux.transform.position;
    target.transform.position += targetAgent.velocity * prediction;
    return base.GetSteering();
}
```

5. 创建 `Evade` 行为，过程相同，但要注意父类是 `Flee`：

```
public class Evade : Flee
{
    // 与Purse类完全相同
}
```

运行原理

这两个行为依赖于 `Seek` 和 `Flee`，然后根据目标的速度预测走向，在内部用一个额外的对象作为目标位置。

1.4 为物理引擎调整 agent

我们学习了如何为 agent 实现简单的行为，然而还需要考虑的是，游戏可能需要用到 Unity 的物理引擎。我们要注意 agent 是否附加了 `RigidBody` 组件，然后相应地调整实现代码。

准备工作

第一步是记住每个事件函数的执行顺序，现在还需要额外注意 `FixedUpdate` 函数，因为我们要使用物理引擎管理行为。

❑ `FixedUpdate`

❑ `Update`

❑ `LateUpdate`

操作步骤

本节需要向 Agent 类中添加一些改动。

1. 打开 Agent 类。

2. 添加一个成员变量用于保存刚体组件的引用：

```
private Rigidbody aRigidBody;
```

3. 在 Start 函数中获取刚体组件的引用：

```
aRigidBody = GetComponent<Rigidbody>();
```

4. 实现用于把方向值转化成向量值的函数：

```
public Vector3 OriToVec(float orientation)
{
  Vector3 vector = Vector3.zero;
  vector.x = Mathf.Sin(orientation * Mathf.Deg2Rad) * 1.0f;
  vector.z = Mathf.Cos(orientation * Mathf.Deg2Rad) * 1.0f;
  return vector.normalized;
}
```

5. 在 Update 函数的开头添加下面两行代码：

```
public virtual void Update ()
{
  if (aRigidBody == null)
    return;
  // ... previous code
```

6. 定义 FixedUpdate 函数：

```
public virtual void FixedUpdate()
{
  if (aRigidBody == null)
    return;
  // 下一步
}
```

7. 实现 FixedUpdate 函数：

```
Vector3 displacement = velocity * Time.deltaTime;
orientation += rotation * Time.deltaTime;
if (orientation < 0.0f)
  orientation += 360.0f;
else if (orientation > 360.0f)
  orientation -= 360.0f;
// ForceMode取决于你想达到什么效果
// 这里使用VelocityChange 是为了演示
aRigidBody.AddForce(displacement, ForceMode.VelocityChange);
Vector3 orientationVector = OriToVec(orientation);
aRigidBody.rotation = Quaternion.LookRotation(orientationVector,
```

实现原理

我们添加了一个成员变量用于保存刚体组件的引用，另外还实现了 FixedUpdate 函数，类似于 Update 函数，但是要注意这里需要把作用力应用到刚体上，而无须手动变换对象的位置，因为我们使用了 Unity 的物理引擎。

最后在每个函数的开头添加了一个简单的验证，以保证只在有刚体时才被调用。

其他参考

关于事件函数执行顺序的更多信息，请参考 Unity 官方文档：
- https://docs.unity3d.com/Manual/ExecutionOrder.html

1.5 到达和离开

与 Seek 和 Flee 行为类似，这些算法背后的思路运用的是同样的原理，然后当满足某个条件时，即要么接近于它的终点（到达），要么远离一个危险点（离开），把功能扩展到 agent 自动停止的位置点。

准备工作

我们需要分别为 Arrive 和 Leave 算法创建一个文件，并且要记得设置它们的自定义执行顺序。

操作步骤

Arrive 和 Leave 使用相同的方法，但是在实现方面，成员变量的名称也随着 GetSteering 函数前半段的计算值的改变而改变：

1. 首先，使用成员变量实现 Arrive 行为，以定义停止（目标）和减速的半径：

```
using UnityEngine;
using System.Collections;

public class Arrive : AgentBehaviour
{
    public float targetRadius;
    public float slowRadius;
    public float timeToTarget = 0.1f;
}
```

2. 创建 GetSteering 函数：

```
public override Steering GetSteering()
{
    // 代码在下一步中
}
```

3. 定义 GetSteering 函数的前半段，这里根据半径变量计算出到达目标点的距离所需要的速度：

```
Steering steering = new Steering();
Vector3 direction = target.transform.position - transform.position;
float distance = direction.magnitude;
float targetSpeed;
if (distance < targetRadius)
    return steering;
if (distance > slowRadius)
    targetSpeed = agent.maxSpeed;
else
    targetSpeed = agent.maxSpeed * distance / slowRadius;
```

4. 定义 GetSteering 函数的后半段，这里设置 steering 值并根据最大速度确定 steering 值：

```
Vector3 desiredVelocity = direction;
desiredVelocity.Normalize();
desiredVelocity *= targetSpeed;
steering.linear = desiredVelocity - agent.velocity;
steering.linear /= timeToTarget;
if (steering.linear.magnitude > agent.maxAccel)
{
    steering.linear.Normalize();
    steering.linear *= agent.maxAccel;
}
return steering;
```

5. 实现 Leave 类，修改成员变量的名称：

```
using UnityEngine;
using System.Collections;

public class Leave : AgentBehaviour
{
    public float escapeRadius;
    public float dangerRadius;
    public float timeToTarget = 0.1f;
}
```

6. 定义 GetSteering 函数的前半段：

```
Steering steering = new Steering();
Vector3 direction = transform.position - target.transform.position;
float distance = direction.magnitude;
if (distance > dangerRadius)
    return steering;
float reduce;
if (distance < escapeRadius)
    reduce = 0f;
else
    reduce = distance / dangerRadius * agent.maxSpeed;
float targetSpeed = agent.maxSpeed - reduce;
```

7. GetSteering 函数的后半段与 Arrive 类的相同。

运行原理

在计算出前进方向之后，接下来的计算基于两个半径的距离，以便知道什么时候加速，什么时候减速，什么时候停止，这也是为什么我们有多个 if 语句。在 Arrive 行为中，当 agent 还很远时，我们全速前进，在快接近半径距离内时就渐渐地减速，并最终在足够接近目标时停止。相反的思路可用于 Leave 行为，如图 1-1 所示。

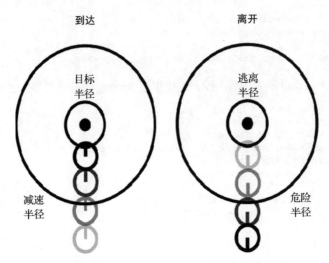

图 1-1　Arrive 和 Leave 行为的可视化参考

1.6　朝向物体

真实世界中的瞄准，就像在战斗模拟器中一样，与大多数游戏中广泛应用的自动瞄准有些不同。假设你需要实现一个 agent 来控制坦克炮塔或者狙击手，这正是该方法可以派上用场的时候。

准备工作

对 AgentBehaviour 类做一些修改：

1. 添加新的成员值以限制一些现有的成员值：

```
public float maxSpeed;
public float maxAccel;
public float maxRotation;
public float maxAngularAccel;
```

2. 添加 MapToRange 函数，此函数帮助计算出两个方向值相减后的实际旋转方向值：

```
public float MapToRange (float rotation) {
    rotation %= 360.0f;
    if (Mathf.Abs(rotation) > 180.0f) {
        if (rotation < 0.0f)
            rotation += 360.0f;
        else
            rotation -= 360.0f;
```

```
    }
    return rotation;
}
```

3. 另外，需要创建一个基础行为类，命名为 Align，作为朝向算法的基石。它与 Arrive
类的原理相同，但仅限于旋转方面：

```
using UnityEngine;
using System.Collections;

public class Align : AgentBehaviour
{
    public float targetRadius;
    public float slowRadius;
    public float timeToTarget = 0.1f;

    public override Steering GetSteering()
    {
        Steering steering = new Steering();
        float targetOrientation =
target.GetComponent<Agent>().orientation;
        float rotation = targetOrientation - agent.orientation;
        rotation = MapToRange(rotation);
        float rotationSize = Mathf.Abs(rotation);
        if (rotationSize < targetRadius)
            return steering;
        float targetRotation;
        if (rotationSize > slowRadius)
            targetRotation = agent.maxRotation;
        else
            targetRotation = agent.maxRotation * rotationSize /
slowRadius;
        targetRotation *= rotation / rotationSize;
        steering.angular = targetRotation - agent.rotation;
        steering.angular /= timeToTarget;
        float angularAccel = Mathf.Abs(steering.angular);
        if (angularAccel > agent.maxAngularAccel)
        {
            steering.angular /= angularAccel;
            steering.angular *= agent.maxAngularAccel;
        }
        return steering;
    }
}
```

操作步骤

我们现在继续实现继承自 Align 类的朝向算法：

1. 创建 Face 类，包含用于保存目标的一个私有成员变量：

```
using UnityEngine;
using System.Collections;

public class Face : Align
{
```

```
    protected GameObject targetAux;
}
```

2. 重写 Awake 函数，用于初始化所有变量和交换引用：

```
public override void Awake()
{
    base.Awake();
    targetAux = target;
    target = new GameObject();
    target.AddComponent<Agent>();
}
```

3. 实现 OnDestroy 函数，用于管理引用和避免内存问题：

```
void OnDestroy ()
{
    Destroy(target);
}
```

4. 定义 GetSteering 函数：

```
public override Steering GetSteering()
{
    Vector3 direction = targetAux.transform.position -
transform.position;
    if (direction.magnitude > 0.0f)
    {
        float targetOrientation = Mathf.Atan2(direction.x,
direction.z);
        targetOrientation *= Mathf.Rad2Deg;
        target.GetComponent<Agent>().orientation =
targetOrientation;
    }
    return base.GetSteering();
}
```

运行原理

此算法根据 agent 与实际目标间的向量值计算内部目标的方向值，然后把其余工作委托给父类。

1.7 徘徊

徘徊算法对于随机的群体仿真、动物，以及几乎任意类型的需要在空闲时随机移动的 NPC 都表现得非常优秀。

准备工作

向 AgentBehaviour 类中添加 OriToVec 函数，用于把方向值转换成向量值。

```
public Vector3 GetOriAsVec (float orientation) {
    Vector3 vector  = Vector3.zero;
    vector.x = Mathf.Sin(orientation * Mathf.Deg2Rad) * 1.0f;
    vector.z = Mathf.Cos(orientation * Mathf.Deg2Rad) * 1.0f;
    return vector.normalized;
}
```

操作步骤

所有步骤可以看成是一个三大步流程，在这个流程中，首先用一种参数化的随机方式操作内部目标的位置，朝向那个位置点，再做相应的移动：

1. 创建派生自 Face 的 Wander 类：

```
using UnityEngine;
using System.Collections;

public class Wander : Face
{
    public float offset;
    public float radius;
    public float rate;
}
```

2. 定义 Awake 函数，以便初始化内部目标对象：

```
public override void Awake()
{
    target = new GameObject();
    target.transform.position = transform.position;
    base.Awake();
}
```

3. 定义 GetSteering 函数：

```
public override Steering GetSteering()
{
    Steering steering = new Steering();
    float wanderOrientation = Random.Range(-1.0f, 1.0f) * rate;
    float targetOrientation = wanderOrientation +
agent.orientation;
    Vector3 orientationVec = OriToVec(agent.orientation);
    Vector3 targetPosition = (offset * orientationVec) +
transform.position;
    targetPosition = targetPosition + (OriToVec(targetOrientation)
* radius);
    targetAux.transform.position = targetPosition;
    steering = base.GetSteering();
    steering.linear = targetAux.transform.position -
transform.position;
    steering.linear.Normalize();
    steering.linear *= agent.maxAccel;
    return steering;
}
```

运行原理

此行为用两个半径值计算接下来的随机位置点、朝向那个随机点，然后把计算出的方向值转换成方向向量，如图 1-2 所示。

1.8 按路径移动

很多时候当我们需要像剧本一样的线路时，难以想象完全用代码实现。假如你正在开发一款潜行类游戏（stealth game）时，每个守卫的路线你都会用代码实现吗？这项技术将帮助你为这些情况构建一套灵活的寻路系统。

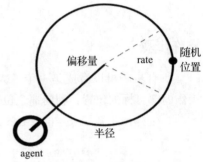

图 1-2 创建 Wander 行为的参数的
可视化描述

准备工作

需要定义一个叫作 PathSegment 的自定义数据类型：

```
using UnityEngine;
using System.Collections;

public class PathSegment
{
    public Vector3 a;
    public Vector3 b;

    public PathSegment () : this (Vector3.zero, Vector3.zero){}
    public PathSegment (Vector3 a, Vector3 b)
    {
        this.a = a;
        this.b = b;
    }
}
```

操作步骤

该方法有两大步骤。首先，构建 Path 类，它从特定的空间表达式中提取路径中的点位；然后构建 PathFollower 行为，利用提取的点位得到实际要跟踪的空间点位：

1. 创建 Path 类，包含节点和线段，但只有节点是公共的，并且需要手动赋值：

```
using UnityEngine;
using System.Collections;
using System.Collections.Generic;

public class Path : MonoBehaviour
{
    public List<GameObject> nodes;
    List<PathSegment> segments;
}
```

2.定义 `Start` 函数来在场景开始时给线段赋值：

```
void Start()
{
    segments = GetSegments();
}
```

3.定义 `GetSegments` 函数来从节点构建线段：

```
public List<PathSegment> GetSegments ()
{
    List<PathSegment> segments = new List<PathSegment>();
    int i;
    for (i = 0; i < nodes.Count - 1; i++)
    {
        Vector3 src = nodes[i].transform.position;
        Vector3 dst = nodes[i+1].transform.position;
        PathSegment segment = new PathSegment(src, dst);
        segments.Add(segment);
    }
    return segments;
}
```

4.定义第一个函数 `GetParam`，用于提取点位：

```
public float GetParam(Vector3 position, float lastParam)
{
    // 函数体
}
```

5.找出离 agent 最近的线段：

```
float param = 0f;
PathSegment currentSegment = null;
float tempParam = 0f;
foreach (PathSegment ps in segments)
{
    tempParam += Vector3.Distance(ps.a, ps.b);
    if (lastParam <= tempParam)
    {
        currentSegment = ps;
        break;
    }
}
if (currentSegment == null)
    return 0f;
```

6.根据当前位置，我们需要计算出路径的走向：

```
Vector3 currPos = position - currentSegment.a;
Vector3 segmentDirection = currentSegment.b - currentSegment.a;
segmentDirection.Normalize();
```

7.使用向量投影找到线段中的点：

```
Vector3 pointInSegment = Vector3.Project(currPos,
segmentDirection);
```

8. GetParam 函数返回沿着路径下一个要到达的点位:

```
param = tempParam - Vector3.Distance(currentSegment.a,
currentSegment.b);
param += pointInSegment.magnitude;
return param;
```

9. 定义 GetPosition 函数:

```
public Vector3 GetPosition(float param)
{
    // 函数体
}
```

10. 根据路径中的当前位置, 找到对应的线段:

```
Vector3 position = Vector3.zero;
PathSegment currentSegment = null;
float tempParam = 0f;
foreach (PathSegment ps in segments)
{
    tempParam += Vector3.Distance(ps.a, ps.b);
    if (param <= tempParam)
    {
        currentSegment = ps;
        break;
    }
}
if (currentSegment == null)
    return Vector3.zero;
```

11. GetPosition 把参数转换为一个空间点位, 把它作为返回值:

```
Vector3 segmentDirection = currentSegment.b - currentSegment.a;
segmentDirection.Normalize();
tempParam -= Vector3.Distance(currentSegment.a, currentSegment.b);
tempParam = param - tempParam;
position = currentSegment.a + segmentDirection * tempParam;
return position;
```

12. 创建继承于 Seek 类的 PathFollower 行为 (记得设置执行顺序):

```
using UnityEngine;
using System.Collections;

public class PathFollower : Seek
{
    public Path path;
    public float pathOffset = 0.0f;
    float currentParam;
}
```

13. 实现 Awake 函数以初始化目标对象:

```
public override void Awake()
{
    base.Awake();
```

```
        target = new GameObject();
        currentParam = 0f;
}
```

14. 最后一步是定义 GetSteering 函数，它依赖于由 Path 类创建的抽象，以便设置目标点位，然后应用 Seek 类：

```
public override Steering GetSteering()
{
    currentParam = path.GetParam(transform.position, currentParam);
    float targetParam = currentParam + pathOffset;
    target.transform.position = path.GetPosition(targetParam);
    return base.GetSteering();
}
```

运行原理

使用 Path 类是为了有一条移动的指引路线。这是算法的基础，因为它依靠 GetParam 去映射一个偏移点以跟踪其内部的指引路线，然后使用 GetPosition 把参考点转换成沿着线段的三维空间点。

路径跟踪算法就是利用 Path 类的函数得到一个新的点位，更新目标，然后再应用 Seek 类。

其他参考

注意在 Inspector 窗口中设置路径节点的链接顺序是很重要的，有一个实用的方法是手动用数字命名这些节点，如图 1-3 所示。

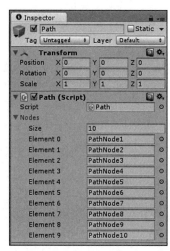

图 1-3　在 Inspector 窗口中设置路径的示例

另外还可以定义 OnDrawGizmos 函数，以便有一个更好的路径视觉参考：

```
void OnDrawGizmos ()
{
    Vector3 direction;
    Color tmp = Gizmos.color;
    Gizmos.color = Color.magenta;//example color
    int i;
    for (i = 0; i < nodes.Count - 1; i++)
    {
        Vector3 src = nodes[i].transform.position;
        Vector3 dst = nodes[i+1].transform.position;
        direction = dst - src;
        Gizmos.DrawRay(src, direction);
    }
    Gizmos.color = tmp;
}
```

1.9　避开 agent

在群体仿真（crowd-simulation）游戏中，agent 的行为非常像粒子在基于物理的系统中的表现，看上去不太自然。本节的目标是创建一个 agent，能够模拟避开人群那样的移动方式。

准备工作

创建一个 Agent 标签，然后把标签指定到那些我们想要避开的游戏对象上，另外还需要为它们附加 Agent 脚本组件。如图 1-4 所示。

注意：

❏ 标签：Agent（我们创建的）

❏ 附加 Agent 组件（我们创建的）

图 1-4　在 Inspector 窗口中配置
一个假 agent 的示例

操作步骤

只需要创建一个新的 agent 行为：

1. 创建 AvoidAgent 行为，包括一个避障半径和一组要避开的 agent：

```
using UnityEngine;
using System.Collections;
using System.Collections.Generic;

public class AvoidAgent : AgentBehaviour
{
    public float collisionRadius = 0.4f;
    GameObject[] targets;
}
```

2. 实现 Start 函数，根据我们之前创建的标签设置 agent 列表的值：

```
void Start ()
{
    targets = GameObject.FindGameObjectsWithTag("Agent");
}
```

3. 定义 GetSteering 函数：

```
public override Steering GetSteering()
{
    // 函数体
}
```

4. 添加下面的变量，以计算快要靠近的 agent 的距离和速度：

```
Steering steering = new Steering();
float shortestTime = Mathf.Infinity;
GameObject firstTarget = null;
```

```
float firstMinSeparation = 0.0f;
float firstDistance = 0.0f;
Vector3 firstRelativePos = Vector3.zero;
Vector3 firstRelativeVel = Vector3.zero;
```

5. 找到与当前 agent 有碰撞倾向的最近的 agent：

```
foreach (GameObject t in targets)
{
    Vector3 relativePos;
    Agent targetAgent = t.GetComponent<Agent>();
    relativePos = t.transform.position - transform.position;
    Vector3 relativeVel = targetAgent.velocity - agent.velocity;
    float relativeSpeed = relativeVel.magnitude;
    float timeToCollision = Vector3.Dot(relativePos, relativeVel);
    timeToCollision /= relativeSpeed * relativeSpeed * -1;
    float distance = relativePos.magnitude;
    float minSeparation = distance - relativeSpeed *
timeToCollision;
    if (minSeparation > 2 * collisionRadius)
        continue;
    if (timeToCollision > 0.0f && timeToCollision < shortestTime)
    {
        shortestTime = timeToCollision;
        firstTarget = t;
        firstMinSeparation = minSeparation;
        firstRelativePos = relativePos;
        firstRelativeVel = relativeVel;
    }
}
```

6. 如果有的话，就远离它们：

```
if (firstTarget == null)
    return steering;
if (firstMinSeparation <= 0.0f || firstDistance < 2 *
collisionRadius)
    firstRelativePos = firstTarget.transform.position;
else
    firstRelativePos += firstRelativeVel * shortestTime;
firstRelativePos.Normalize();
steering.linear = -firstRelativePos * agent.maxAccel;
return steering;
```

运行原理

在一组 agent 中，我们要注意哪一个 agent 是距离最近的，如果足够近的话，就试着让游戏对象按照期望的路线以当前的速度逃离，这样它们就不会相撞。

延伸阅读

此行为在与其他行为使用混合技术（本章中会提及）组合时效果不错，也是碰撞躲避算法的起点。

1.10 避开墙体

本节中要实现的行为效仿人类的能力，当我们面前有一堵墙或者障碍时，通过设置安全距离去避开墙体，同时试着不偏离大方向。

准备工作

这项技术使用物理引擎中的 RaycastHit 结构体和 Raycast 函数，所以建议读者复习一下相关文档，以便快速理解本节的主题。

操作步骤

得益于之前内容的介绍，该方法的介绍会比较短：

1. 创建继承于 Seek 的 AvoidWall 行为：

```
using UnityEngine;
using System.Collections;

public class AvoidWall : Seek
{
    // 类内部
}
```

2. 添加用于定义安全距离和射线长度的成员变量：

```
public float avoidDistance;
public float lookAhead;
```

3. 定义 Awake 函数，用于初始化游戏对象：

```
public override void Awake()
{
    base.Awake();
    target = new GameObject();
}
```

4. 定义后面的步骤要用到的 GetSteering 函数：

```
public override Steering GetSteering()
{
    // 函数体
}
```

5. 声明并设置射线所需要的变量：

```
Steering steering = new Steering();
Vector3 position = transform.position;
Vector3 rayVector = agent.velocity.normalized * lookAhead;
Vector3 direction = rayVector;
RaycastHit hit;
```

6. 发射射线并在射线遇到墙体时做出合理的计算：

```
if (Physics.Raycast(position, direction, out hit, lookAhead))
{
    position = hit.point + hit.normal * avoidDistance;
    target.transform.position = position;
    steering = base.GetSteering();
}
return steering;
```

运行原理

向 agent 前方发射一条射线，当射线遇到墙体时，目标对象被就放置到新的位置上，此位置要考虑到到墙的安全距离，然后把转向的计算委托给 Seek 行为，这样就产生了 agent 会避开墙的幻觉。

延伸阅读

我们可以通过添加更多射线扩展这个行为，就像胡须一样，以提高准确度，如图 1-5 所示。另外，这个行为通常与其他移动行为混合搭配使用，比如追赶（Pursue）。

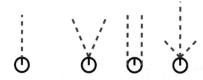

图 1-5　原始射线和用于更精确地避开墙体的扩展射线

其他参考

关于 RaycastHit 结构体和 Raycast 函数的更多信息，请参考网站的官方文档：
- http://docs.unity3d.com/ScriptReference/RaycastHit.html
- http://docs.unity3d.com/ScriptReference/Physics.Raycast.html

1.11　通过权重混合多个行为

混合（blending）技术可以把多个行为搭配起来使用，而不用每次在需要新的混合型 agent 时创建新的脚本。

这是本章中最强大的技术之一，因为功能强大且实现成本低，这可能是使用最广的行为混合（behavior-blending）途径。

准备工作

我们必须添加一个新成员变量 weight 到 AgentBehaviour 类中，在该示例中最好给它赋一个默认值 1.0f。除此之外，还应该重构 Update 函数，以便把 weight 作为一个参数放进 Agent 类的 SetSteering 函数。总的说来，新的 AgentBehaviour 类应该是这样的：

```
public class AgentBehaviour : MonoBehaviour
{
    public float weight = 1.0f;

    // ... 类的其余部分

    public virtual void Update ()
    {
        agent.SetSteering(GetSteering(), weight);
    }
}
```

操作步骤

我们只需要改变 Agent 类的 SetSteering 函数的签名及定义：

```
public void SetSteering (Steering steering, float weight)
{
    this.steering.linear += (weight * steering.linear);
    this.steering.angular += (weight * steering.angular);
}
```

运行原理

权重值用于放大 steering 行为的结果，并且被添加到了主 steering 结构中。

延伸阅读

权重值的和并不需要是 **1.0f**，weight 参数作为参考，用于定义 steering 行为与其他参数的相关性。

其他参考

在本章中，有一个避开墙体的示例就是用权重混合实现的。

1.12 通过优先级混合多个行为

有时候权重混合并不够，因为权重很高的行为会削弱权重很低的行为，而低权重的行为也需要存在感。这时候基于优先级的混合就登场了，从高优先级行为到低优先级行为应用级联效果。

准备工作

这种基于优先级的混合方式与前一节中的非常相似。我们需要添加一个新的成员变量到 AgentBehaviour 类中，还要重构 Update 函数，把 priority 作为参数放进 Agent 类的 SetSteering 函数中。新的 AgentBehaviour 类应该类似下面这样：

```
public class AgentBehaviour : MonoBehaviour
{
    public int priority = 1;
    // ... 其他还是一样的
    public virtual void Update ()
    {
        agent.SetSteering(GetSteering(), priority);
    }
}
```

操作步骤

现在我们需要对 Agent 类做一些修改：

1. 从库中添加一个新的命名空间：

```
using System.Collections.Generic;
```

2. 添加一个成员变量，用于表示最小的 steering 值，因为有多个行为：

```
public float priorityThreshold = 0.2f;
```

3. 添加一个成员变量，用于存储这些行为的结果值：

```
private Dictionary<int, List<Steering>> groups;
```

4. 在 Start 函数中初始化变量：

```
groups = new Dictionary<int, List<Steering>>();
```

5. 修改 LateUpdate 函数，通过调用 GetPrioritySteering 设置 steering 变量的值：

```
public virtual void LateUpdate ()
{
    //  通过优先级获取steering
    steering = GetPrioritySteering();
    groups.Clear();
    // ... 其余计算保持原样
    steering = new Steering();
}
```

6. 修改 SetSteering 函数的签名和定义，以便在相应的优先级组别中存储 steering 值：

```
public void SetSteering (Steering steering, int priority)
{
    if (!groups.ContainsKey(priority))
    {
        groups.Add(priority, new List<Steering>());
    }
    groups[priority].Add(steering);
}
```

7. 实现 GetPrioritySteering 函数，以便过滤 steering 的分组：

```
private Steering GetPrioritySteering ()
{
    Steering steering = new Steering();
    float sqrThreshold = priorityThreshold * priorityThreshold;
    foreach (List<Steering> group in groups.Values)
    {
        steering = new Steering();
        foreach (Steering singleSteering in group)
        {
            steering.linear += singleSteering.linear;
            steering.angular += singleSteering.angular;
        }
        if (steering.linear.sqrMagnitude > sqrThreshold ||
                Mathf.Abs(steering.angular) > priorityThreshold)
        {
            return steering;
        }
    }
    return steering;
}
```

运行原理

通过创建优先级组，把优先级相同的行为混合起来，选中 steering 值超过阈值的第一个组，否则选中优先级最低的组中的 steering 值。

延伸阅读

我们可以把这个基于优先级的方法与权重混合搭配在一起进行扩展，这样就可以拥有更健壮的架构，这种方式下，在每个优先级中对 agent 产生影响的行为更准确：

```
foreach (Steering singleSteering in group)
{
    steering.linear += singleSteering.linear * weight;
    steering.angular += singleSteering.angular * weight;
}
```

其他参考

还有一个利用基于优先级的混合技术实现避开墙体的示例。

1.13　射击抛射体

本节是控制依赖重力的对象（比如球体和手榴弹）的场景的基础，这样就能够预测抛射体的着陆点，也可以有效地射击针对给定目标的抛射体。

准备工作

本节介绍的方法稍有些不同，因为它不依赖于基类 AgentBehaviour。

操作步骤

1. 创建 Projectile 类及其成员变量，以便操作物理行为：

```
using UnityEngine;
using System.Collections;

public class Projectile : MonoBehaviour
{
    private bool set = false;
    private Vector3 firePos;
    private Vector3 direction;
    private float speed;
    private float timeElapsed;
}
```

2. 定义 Update 函数：

```
void Update ()
{
    if (!set)
        return;
    timeElapsed += Time.deltaTime;
    transform.position = firePos + direction * speed * timeElapsed;
    transform.position += Physics.gravity * (timeElapsed *
timeElapsed) / 2.0f;
    // extra validation for cleaning the scene
    if (transform.position.y < -1.0f)
        Destroy(this.gameObject);// or set = false; and hide it
}
```

3. 实现 Set 函数，以便射击游戏对象（例如，当这个对象在场景中实例化后调用此函数）：

```
public void Set (Vector3 firePos, Vector3 direction, float speed)
{
    this.firePos = firePos;
    this.direction = direction.normalized;
    this.speed = speed;
    transform.position = firePos;
    set = true;
}
```

运行原理

此行为使用高中物理知识来产生抛物线运动。

延伸阅读

我们还可以用使另一种方法：不调用 Set 函数，而是在脚本中实现公有属性，或者把成员变量声明为公有的，在预制件中把脚本设置为默认禁用，在所有属性都初始化后再启用。这样就可以轻松地使用对象池模式了。

其他参考

关于对象池模式的更多信息，请参阅维基百科上的文章和 Unity 公司的官方视频教程，链接如下：

- ❏ http://en.wikipedia.org/wiki/Object_pool_pattern
- ❏ http://unity3d.com/learn/tutorials/modules/beginner/livetraining-archive/object-pooling

1.14　预测抛射体的着地点

当抛射体被玩家射中之后，agent（AI）要么躲开，要么朝向它。例如，agent 需要躲开手榴弹才能存活，或者朝着一个足球跑过去抢夺控制权。不论哪种情况，预测抛射体的着地点去做决策对于 agent 都是很重要的。

在本节中，我们将学习如何计算着地点。

准备工作

在预测着地点之前，知道它距离着地（或到达某个位置点）的剩余时间很重要，不用创建新的行为，只需要更新 Projectile 类即可。

操作步骤

1. 添加 GetLandingTime 函数以计算着地时间：

```
public float GetLandingTime (float height = 0.0f)
{
    Vector3 position = transform.position;
    float time = 0.0f;
    float valueInt = (direction.y * direction.y) * (speed * speed);
    valueInt = valueInt - (Physics.gravity.y * 2 * (position.y -
height));
    valueInt = Mathf.Sqrt(valueInt);
    float valueAdd = (-direction.y) * speed;
    float valueSub = (-direction.y) * speed;
    valueAdd = (valueAdd + valueInt) / Physics.gravity.y;
    valueSub = (valueSub - valueInt) / Physics.gravity.y;
    if (float.IsNaN(valueAdd) && !float.IsNaN(valueSub))
        return valueSub;
    else if (!float.IsNaN(valueAdd) && float.IsNaN(valueSub))
        return valueAdd;
    else if (float.IsNaN(valueAdd) && float.IsNaN(valueSub))
        return -1.0f;
    time = Mathf.Max(valueAdd, valueSub);
    return time;
}
```

2. 然后添加 GetLandingPos 函数以预测着地点：

```
public Vector3 GetLandingPos (float height = 0.0f)
{
    Vector3 landingPos = Vector3.zero;
    float time = GetLandingTime();
    if (time < 0.0f)
        return landingPos;
    landingPos.y = height;
    landingPos.x = firePos.x + direction.x * speed * time;
    landingPos.z = firePos.z + direction.z * speed * time;
    return landingPos;
}
```

运行原理

首先，解出前一节中的方程式以得到一个固定高度，然后根据抛射体当前的位置和速度，从而得到抛射体到达给定高度的时间。

延伸阅读

注意对 NaN 值的验证。因为这个方程式的结果可能是 2 个、1 个或无解。另外，当着地时间小于 0 时，意味着抛射体不可能到达目标高度。

1.15　锁定抛射体

与预测抛射体的着地点同样重要的是，开发能够瞄准抛射体的智能 agent。如果橄榄球运动员 agent 不能传球就没有意思了。

准备工作

与前一节介绍的方法相同，我们只需要扩展 Projectile 类。

操作步骤

基于前一节内容的介绍，该方法很容易实现：

1. 创建 GetFireDirection 函数：

```
public static Vector3 GetFireDirection (Vector3 startPos, Vector3
endPos, float speed)
{
    // body
}
```

2. 求解相应的二次方程式：

```
Vector3 direction = Vector3.zero;
Vector3 delta = endPos - startPos;
float a = Vector3.Dot(Physics.gravity, Physics.gravity);
float b = -4 * (Vector3.Dot(Physics.gravity, delta) + speed *
```

```
speed);
float c = 4 * Vector3.Dot(delta, delta);
if (4 * a * c > b * b)
    return direction;
float time0 = Mathf.Sqrt((-b + Mathf.Sqrt(b * b - 4 * a * c)) /
(2*a));
float time1 = Mathf.Sqrt((-b - Mathf.Sqrt(b * b - 4 * a * c)) /
(2*a));
```

3. 如果根据参数可以射中抛射体，就返回一个非 0 的 direction 向量：

```
float time;
if (time0 < 0.0f)
{
    if (time1 < 0)
        return direction;
    time = time1;
}
else
{
    if (time1 < 0)
        time = time0;
    else
        time = Mathf.Min(time0, time1);
}
direction = 2 * delta - Physics.gravity * (time * time);
direction = direction / (2 * speed * time);
return direction;
```

运行原理

根据固定的速度值，解出相应的二次方程式的值，以获取目标方向（当至少存在一个值时），这个方向值不用归一化，因为在初始化抛射体时已经归一化这个向量了。

延伸阅读

注意当时间为负值时返回了一个空的方向，这意味着速度不够。解决这个问题的方法是定义一个函数，测试不同的速度后再射击这个抛射体。

另一个相关的改进是添加一个额外的 bool 类型参数，用于当有两个有效时间点时（意味着可能有两条弧线），就需要透过障碍物（比如墙体）射击：

```
if (isWall)
    time = Mathf.Max(time0, time1);
else
    time = Mathf.Min(time0, time1);
```

1.16　创建跳跃系统

假设正在开发一款很酷的动作类游戏，玩家可以通过悬崖或屋顶逃跑。在这种情况下，敌人要能够追赶玩家，并且要足够聪明地去识别是否跳跃并计算出怎么跳。

准备工作

我们需要创建基本的速度匹配算法，以及弹跳板和着陆板的概念，以便模拟出能够着陆的速度算法。

下面的代码用于 VelocityMatch 行为：

```
using UnityEngine;
using System.Collections;

public class VelocityMatch : AgentBehaviour {
    public float timeToTarget = 0.1f;

    public override Steering GetSteering()
    {
        Steering steering = new Steering();
        steering.linear = target.GetComponent<Agent>().velocity -
agent.velocity;
        steering.linear /= timeToTarget;
        if (steering.linear.magnitude > agent.maxAccel)
            steering.linear = steering.linear.normalized * agent.maxAccel;
        steering.angular = 0.0f;
        return steering;
    }
}
```

另外，还要创建一个数据类型 JumpPoint：

```
using UnityEngine;
using System.Collections;

public class JumpPoint
{
    public Vector3 jumpLocation;
    public Vector3 landingLocation;

    //The change in position from jump to landing
    public Vector3 deltaPosition;

    public JumpPoint () : this (Vector3.zero, Vector3.zero)
    {
    }

    public JumpPoint(Vector3 a, Vector3 b)
    {
        this.jumpLocation = a;
        this.landingLocation = b;
        this.deltaPosition = this.landingLocation - this.jumpLocation;
    }
}
```

操作步骤

1. 创建 Jump 脚本及其成员变量：

```
using UnityEngine;
```

```
using System.Collections;

public class Jump : VelocityMatch
{
    public JumpPoint jumpPoint;
    public float maxYVelocity;
    public Vector3 gravity = new Vector3(0, -9.8f, 0);
    bool canAchieve = false;
}
```

2. 实现 SetJumpPoint 函数：

```
public void SetJumpPoint(Transform jumpPad, Transform landingPad)
{
    jumpPoint = new JumpPoint(jumpPad.position,
landingPad.position);
}
```

3. 添加一个函数用于计算目标：

```
protected void CalculateTarget()
{
    target = new GameObject();
    target.AddComponent<Agent>();
    target.transform.position = jumpPoint.jumpLocation;
    //Calculate the first jump time
    float sqrtTerm = Mathf.Sqrt(2f * gravity.y *
jumpPoint.deltaPosition.y + maxYVelocity * agent.maxSpeed);
    float time = (maxYVelocity - sqrtTerm) / gravity.y;
    //Check if we can use it, otherwise try the other time
    if (!CheckJumpTime(time))
    {
        time = (maxYVelocity + sqrtTerm) / gravity.y;
    }
}
```

4. 实现 CheckJumpTime 函数，计算是否值得跳跃：

```
private bool CheckJumpTime(float time)
{
    //Calculate the planar speed
    float vx = jumpPoint.deltaPosition.x / time;
    float vz = jumpPoint.deltaPosition.z / time;
    float speedSq = vx * vx + vz * vz;
    //Check it to see if we have a valid solution
    if (speedSq < agent.maxSpeed * agent.maxSpeed)
    {
        target.GetComponent<Agent>().velocity = new Vector3(vx, 0f,
vz);
        canAchieve = true;
        return true;
    }
    return false;
}
```

5. 定义 GetSteering 函数：

```
public override Steering GetSteering()
```

```
{
    Steering steering = new Steering();
    if (target == null)
    {
        CalculateTarget();
    }
    if (!canAchieve)
    {
        return steering;
    }
    //Check if we've hit the jump point
    if (Mathf.Approximately((transform.position -
target.transform.position).magnitude, 0f) &&
        Mathf.Approximately((agent.velocity -
target.GetComponent<Agent>().velocity).magnitude, 0f))
    {
        // call a jump method based on the Projectile behaviour
        return steering;
    }
    return base.GetSteering();
}
```

运行原理

　　此算法根据 agent 的速度来计算是否能够到达着陆板。如果判断出 agent 可以到达着陆板，那么在寻找着陆板的位置时试着去给出相应的纵向速度。

Chapter 2 第 2 章

导　航

本章中，我们将学习以下实用方法：
- 用网格表示世界
- 用可视点法表示世界
- 用自制的导航网格表示世界
- 用 DFS 在迷宫中找到出路
- 用 BFS 在网格中找到最短路径
- 用迪杰斯特拉算法找到最短路径
- 用 A* 找到最优路径
- 改进 A* 算法的内存占用：IDA*
- 在多个帧中规划导航：时间片搜索
- 使路径变得平滑

2.1　简介

在本章中，我们要学习用在复杂场景中导航的寻路算法。游戏世界的结构通常很复杂，要么是迷宫，要么是一个开放的世界，要么介于两者之间。这就是为什么需要用不同的技术解决这些问题。

我们将学习使用不同种类的图结构表示世界的方式，以及一些用于寻路的算法，每种算法都针对不同的场景。

值得一提的是寻路算法依赖于上一章学习的技术，比如 Seek 类和 Arrive 类，以便在地图中导航。

2.2　用网格表示世界

网格是游戏中用于表示世界用得最多的结构，因为它容易实现且直观。然而，需要通过学习图论及其特性为高级图表示法打下基础。

准备工作

首先，需要创建一个抽象类 Graph，声明每个图表示实现的虚方法。无论在内部如何表示顶点和边，寻路算法都保持在上层实现，这样就避免了为各种类型的图表示实现算法。

这个类是本章中要学习的各种不同图表示法的父类，而且如果你想要实现本书中没有涵盖的图表示法，也可以将这个类作为一个不错的开端。

然后，我们将实现一个图的子类，它在内部将自己作为网格处理。

操作步骤

下面的代码是用于 Graph 类的：

1. 创建类的骨架以及其成员变量：

```
using UnityEngine;
using System.Collections;
using System.Collections.Generic;

public abstract class Graph : MonoBehaviour
{
    public GameObject vertexPrefab;
    protected List<Vertex> vertices;
    protected List<List<Vertex>> neighbours;
    protected List<List<float>> costs;
    // next steps
}
```

2. 定义 Start 函数：

```
public virtual void Start()
{
    Load();
}
```

3. 定义之前提到的 Load 虚函数：

```
public virtual void Load() { }
```

4. 实现用于取得图的顶点个数的虚函数：

```
public virtual int GetSize()
{
    if (ReferenceEquals(vertices, null))
```

```
        return 0;
    return vertices.Count;
}
```

5. 定义用于获取给定点位最邻近的顶点的虚函数：

```
public virtual Vertex GetNearestVertex(Vector3 position)
{
    return null;
}
```

6. 实现用于根据顶点的 ID 获取顶点的函数：

```
public virtual Vertex GetVertexObj(int id)
{
    if (ReferenceEquals(vertices, null) || vertices.Count == 0)
        return null;
    if (id < 0 || id >= vertices.Count)
        return null;
    return vertices[id];
}
```

7. 实现用于获取一个顶点的邻接顶点的函数：

```
public virtual Vertex[] GetNeighbours(Vertex v)
{
    if (ReferenceEquals(neighbours, null) || neighbours.Count == 0)
        return new Vertex[0];
    if (v.id < 0 || v.id >= neighbours.Count)
        return new Vertex[0];
    return neighbours[v.id].ToArray();
}
```

还需要一个 Vertex 类，代码如下：

```
using UnityEngine;
using System.Collections.Generic;
[System.Serializable]
public class Vertex : MonoBehaviour
{
    public int id;
    public List<Edge> neighbours;
    [HideInInspector]
    public Vertex prev;
}
```

接下来，需要创建一个 Edge 类，用于存储顶点的邻接点及它们的成本，下面来实现它：

1. 创建 Edge 类，继承自 IComparable：

```
using System;

[System.Serializable]
public class Edge : IComparable<Edge>
{
    public float cost;
    public Vertex vertex;
```

```
    // next steps
}
```

2. 实现其构造函数:

```
public Edge(Vertex vertex = null, float cost = 1f)
{
    this.vertex = vertex;
    this.cost = cost;
}
```

3. 实现比较成员函数:

```
public int CompareTo(Edge other)
{
    float result = cost - other.cost;
    int idA = vertex.GetInstanceID();
    int idB = other.vertex.GetInstanceID();
    if (idA == idB)
        return 0;
    return (int)result;
}
```

4. 实现用于比较两条边的函数:

```
public bool Equals(Edge other)
{
    return (other.vertex.id == this.vertex.id);
}
```

5. 重写比较两个对象的函数:

```
public override bool Equals(object obj)
{
    Edge other = (Edge)obj;
    return (other.vertex.id == this.vertex.id);
}
```

6. 重写用于获取哈希值的函数, 这在重写 Equals 函数时要用到:

```
public override int GetHashCode()
{
    return this.vertex.GetHashCode();
}
```

除了创建前面的类之外, 定义一些基于立方体 (可以是一个高度比较低的立方体) 控件的预制件也很重要, 以便将地面和墙体或障碍物可视化。用于地面的预制件被赋值给 vertexPrefab 变量, 而墙体预制件被赋值给下一段中声明的 obstaclePrefab 变量。

最后, 创建一个 Maps 目录, 保存用于定义地图的文本文件。

现在是时候深入理解并具体实现基于网格的图了。首先, 实现所有操作图的函数, 留一些空间用于保存你自己的文本文件, 然后我们将学习如何读取 .map 文件, 这是一种被很多游戏使用的开放格式:

1. 创建继承自 Graph 的 GraphGrid 类:

```
using UnityEngine;
using System;
using System.Collections.Generic;
using System.IO;

public class GraphGrid : Graph
{
    public GameObject obstaclePrefab;
    public string mapName = "arena.map";
    public bool get8Vicinity = false;
    public float cellSize = 1f;
    [Range(0, Mathf.Infinity)]
    public float defaultCost = 1f;
    [Range(0, Mathf.Infinity)]
    public float maximumCost = Mathf.Infinity;
    string mapsDir = "Maps";
    int numCols;
    int numRows;
    GameObject[] vertexObjs;
    // this is necessary for
    // the advanced section of reading
    // from an example test file
    bool[,] mapVertices;
    // next steps
}
```

2. 定义 GridToId 和 IdToGrid 函数，用于把网格中的位置点转换成顶点索引，以及反向转换：

```
private int GridToId(int x, int y)
{
    return Math.Max(numRows, numCols) * y + x;
}

private Vector2 IdToGrid(int id)
{
    Vector2 location = Vector2.zero;
    location.y = Mathf.Floor(id / numCols);
    location.x = Mathf.Floor(id % numCols);
    return location;
}
```

3. 定义 LoadMap 函数，用于读取文本文件：

```
private void LoadMap(string filename)
{
    // TODO
    // implement your grid-based
    // file-reading procedure here
    // using
    // vertices[i, j] for logical representation and
    // vertexObjs[i, j] for assigning new prefab instances
}
```

4. 重写 LoadGraph 函数：

```
public override void LoadGraph()
```

```
{
    LoadMap(mapName);
}
```

5. 重写 GetNearestVertex 函数。这是一种传统的方式，不需要考虑返回的顶点是不是障碍物。下一步我们将学习如何改进：

```
public override Vertex GetNearestVertex(Vector3 position)
{
    position.x = Mathf.Floor(position.x / cellSize);
    position.y = Mathf.Floor(position.z / cellSize);
    int col = (int)position.x;
    int row = (int)position.z;
    int id = GridToId(col, row);
    return vertices[id];
}
```

6. 重写 GetNearestVertext 函数，它基于广度优先算法，后面会深入学习：

```
public override Vertex GetNearestVertex(Vector3 position)
{
    int col = (int)(position.x / cellSize);
    int row = (int)(position.z / cellSize);
    Vector2 p = new Vector2(col, row);
    // 下面的代码
}
```

7. 定义搜索的位置（顶点）列表和要搜索的位置队列：

```
List<Vector2> explored = new List<Vector2>();
Queue<Vector2> queue = new Queue<Vector2>();
queue.Enqueue(p);
```

8. 当队列中还有未搜索过的元素时，执行下面的代码，否则，返回 null：

```
do
{
    p = queue.Dequeue();
    col = (int)p.x;
    row = (int)p.y;
    int id = GridToId(col, row);
    // 下面的代码
} while (queue.Count != 0);
return null;
```

9. 如果是一个有效的顶点则立即返回它：

```
if (mapVertices[row, col])
    return vertices[id];
```

10. 如果已经不在列表中了，则将这个位置添加到搜索过的顶点列表中：

```
if (!explored.Contains(p))
{
    explored.Add(p);
    int i, j;
    // 下面的代码
}
```

11. 假如位置有效，将它所有有效的邻接点添加到队列中：

```
for (i = row - 1; i <= row + 1; i++)
{
    for (j = col - 1; j <= col + 1; j++)
    {
        if (i < 0 || j < 0)
            continue;
        if (j >= numCols || i >= numRows)
            continue;
        if (i == row && j == col)
            continue;
        queue.Enqueue(new Vector2(j, i));
    }
}
```

运行原理

此算法利用私有函数去适配继承自父类的通用函数，依靠简单的数学函数把二维向量位置转换成一维向量，或者说顶点索引。如图 2-1 所示。

你可以使用自己的地图文件实现 LoadMap 函数，但是下一节我们要学习如何实现和读取某种类型的文本文件，这种文本文件包含基于网格的地图。这将使你了解如何处理文件，甚至对文件使用相同的格式。

网格表示法   向量表示法（一般用途）

图 2-1

延伸阅读

还要学习另一种使用 .map 文件格式实现 LoadMap 函数的方法：

1. 定义函数，创建一个 StreamReader 对象，用于读取文件：

```
private void LoadMap(string filename)
{
    string path = Application.dataPath + "/" + mapsDir + "/" +
filename;
    try
    {
        StreamReader strmRdr = new StreamReader(path);
        using (strmRdr)
        {
            // next steps in here
        }
    }
    catch (Exception e)
    {
        Debug.LogException(e);
    }
}
```

2. 声明并初始化需要用到的变量：

```
int j = 0;
int i = 0;
int id = 0;
string line;
Vector3 position = Vector3.zero;
Vector3 scale = Vector3.zero;
```

3. 读取包含高度和宽度的文件头:

```
line = strmRdr.ReadLine();// non-important line
line = strmRdr.ReadLine();// height
numRows = int.Parse(line.Split(' ')[1]);
line = strmRdr.ReadLine();// width
numCols = int.Parse(line.Split(' ')[1]);
line = strmRdr.ReadLine();// "map" line in file
```

4. 初始化成员变量, 同时申请内存:

```
vertices = new List<Vertex>(numRows * numCols);
neighbours = new List<List<Vertex>>(numRows * numCols);
costs = new List<List<float>>(numRows * numCols);
vertexObjs = new GameObject[numRows * numCols];
    mapVertices = new bool[numRows, numCols];
```

5. 声明用于迭代读取字符的 for 循环:

```
for (i = 0; i < numRows; i++)
{
    line = strmRdr.ReadLine();
    for (j = 0; j < numCols; j++)
    {
        // next steps in here
    }
}
```

6. 根据读取的字符, 把逻辑表达式赋值为 true 或 false:

```
bool isGround = true;
if (line[j] != '.')
    isGround = false;
mapVertices[i, j] = isGround;
```

7. 实例化合适的预制件:

```
position.x = j * cellSize;
position.z = i * cellSize;
id = GridToId(j, i);
if (isGround)
    vertexObjs[id] = Instantiate(vertexPrefab, position,
Quaternion.identity) as GameObject;
else
    vertexObjs[id] = Instantiate(obstaclePrefab, position,
Quaternion.identity) as GameObject;
```

8. 把新的游戏对象赋值为图的子节点, 并清除其名称:

```
vertexObjs[id].name = vertexObjs[id].name.Replace("(Clone)",
id.ToString());
```

```
Vertex v = vertexObjs[id].AddComponent<Vertex>();
v.id = id;
vertices.Add(v);
neighbours.Add(new List<Vertex>());
costs.Add(new List<float>());
float y = vertexObjs[id].transform.localScale.y;
scale = new Vector3(cellSize, y, cellSize);
vertexObjs[id].transform.localScale = scale;
vertexObjs[id].transform.parent = gameObject.transform;
```

9. 在上一个循环之后创建一对嵌套循环，用于设置每个顶点的邻接顶点：

```
for (i = 0; i < numRows; i++)
{
    for (j = 0; j < numCols; j++)
    {
        SetNeighbours(j, i);
    }
}
```

10. 定义上一步调用的 SetNeighbours 函数：

```
protected void SetNeighbours(int x, int y, bool get8 = false)
{
    int col = x;
    int row = y;
    int i, j;
    int vertexId = GridToId(x, y);
    neighbours[vertexId] = new List<Vertex>();
    costs[vertexId] = new List<float>();
    Vector2[] pos = new Vector2[0];
    // next steps
}
```

11. 当我们需要八个邻域（上下左右以及 4 个角）时计算出合适的值：

```
if (get8)
{
    pos = new Vector2[8];
    int c = 0;
    for (i = row - 1; i <= row + 1; i++)
    {
        for (j = col -1; j <= col; j++)
        {
            pos[c] = new Vector2(j, i);
            c++;
        }
    }
}
```

12. 初始化四个邻域（不含 4 个角）：

```
else
{
    pos = new Vector2[4];
    pos[0] = new Vector2(col, row - 1);
    pos[1] = new Vector2(col - 1, row);
    pos[2] = new Vector2(col + 1, row);
```

```
    pos[3] = new Vector2(col, row + 1);
}
```

13. 将邻接点添加到列表中，与邻域的过程相同：

```
foreach (Vector2 p in pos)
{
    i = (int)p.y;
    j = (int)p.x;
    if (i < 0 || j < 0)
        continue;
    if (i >= numRows || j >= numCols)
        continue;
    if (i == row && j == col)
        continue;
    if (!mapVertices[i, j])
        continue;
    int id = GridToId(j, i);
    neighbours[vertexId].Add(vertices[id]);
    costs[vertexId].Add(defaultCost);
}
```

其他参考

关于用到的地图格式以及获取免费地图的更多信息，请参阅由 Sturtevant 教授领导的 *Moving AI Lab* 的网站，网址是：`http://movingai.com/benchmarks/`。

2.3 用可视点法表示世界

可视点法是另一种广泛用于表示世界的技术，基于遍布在有效导航区域内的点位，这些点位可能是手动或者通过脚本自动化放置的。我们要通过脚本自动连接手动放置的点位。

准备工作

就像前一种表示法一样，在继续下一步之前，我们要做一些准备工作：
- 把 Edge 类放在与 Graph 类相同的文件中。
- 定义 Graph 类的 GetEdges 函数。
- 建立 Vertex 类。

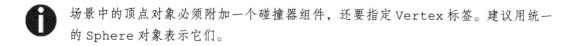

场景中的顶点对象必须附加一个碰撞器组件，还要指定 Vertex 标签。建议用统一的 Sphere 对象表示它们。

操作步骤

现在创建图表示类以及自定义的 Vertex 类：

1. 创建继承自 Vertex 的 VertexVisibility 类:

```
using UnityEngine;
using System.Collections.Generic;

public class VertexVisibility : Vertex
{
    void Awake()
    {
        neighbours = new List<Edge>();
    }
}
```

2. 定义 FindNeighbours 函数, 用于将连接各顶点的过程自动化:

```
public void FindNeighbours(List<Vertex> vertices)
{
    Collider c = gameObject.GetComponent<Collider>();
    c.enabled = false;
    Vector3 direction = Vector3.zero;
    Vector3 origin = transform.position;
    Vector3 target = Vector3.zero;
    RaycastHit[] hits;
    Ray ray;
    float distance = 0f;
    // next step
}
```

3. 遍历所有对象, 发射一条射线, 以检测每个对象是否完全可见, 如果可见则把它添加到邻接顶点列表中:

```
for (int i = 0; i < vertices.Count; i++)
{
    if (vertices[i] == this)
        continue;
    target = vertices[i].transform.position;
    direction = target - origin;
    distance = direction.magnitude;
    ray = new Ray(origin, direction);
    hits = Physics.RaycastAll(ray, distance);
    if (hits.Length == 1)
    {
        if (hits[0].collider.gameObject.tag.Equals("Vertex"))
        {
            Edge e = new Edge();
            e.cost = distance;
            GameObject go = hits[0].collider.gameObject;
            Vertex v = go.GetComponent<Vertex>();
            if (v != vertices[i])
                continue;
            e.vertex = v;
            neighbours.Add(e);
        }
    }
}
c.enabled = true;
```

4. 创建 GraphVisibility 类：

```
using UnityEngine;
using System.Collections.Generic;

public class GraphVisibility : Graph
{
    // next steps
}
```

5. 编写 Load 函数，用于把顶点连接起来：

```
public override void Load()
{
    Vertex[] verts = GameObject.FindObjectsOfType<Vertex>();
    vertices = new List<Vertex>(verts);
    for (int i = 0; i < vertices.Count; i++)
    {
        VertexVisibility vv = vertices[i] as VertexVisibility;
        vv.id = i;
        vv.FindNeighbours(vertices);
    }
}
```

6. 定义 GetNearestVertext 函数：

```
public override Vertex GetNearestVertex(Vector3 position)
{
    Vertex vertex = null;
    float dist = Mathf.Infinity;
    float distNear = dist;
    Vector3 posVertex = Vector3.zero;
    for (int i = 0; i < vertices.Count; i++)
    {
        posVertex = vertices[i].transform.position;
        dist = Vector3.Distance(position, posVertex);
        if (dist < distNear)
        {
            distNear = dist;
            vertex = vertices[i];
        }
    }
    return vertex;
}
```

7. 定义 GetNeighbours 函数：

```
public override Vertex[] GetNeighbours(Vertex v)
{
    List<Edge> edges = v.neighbours;
    Vertex[] ns = new Vertex[edges.Count];
    int i;
    for (i = 0; i < edges.Count; i++)
    {
        ns[i] = edges[i].vertex;
    }
    return ns;
}
```

8. 重写 `GetEdges` 函数：

```
public override Edge[] GetEdges(Vertex v)
{
    return vertices[v.id].neighbours.ToArray();
}
```

运行原理

父类 `GraphVisibility` 在场景中对每个顶点进行索引，然后在每个顶点上使用 `FindNeighbours` 函数。这是为了构建图并把节点之间连接起来，而完全不需要用户参与，比把可见的点放置在用户认为合适的地方要好。同样，两个点之间的距离被分配为相应边的代价。

延伸阅读

让一个点对另一个点可见，以便让图连接起来很重要。这种方法也适用于构建智能图（例如楼梯和悬崖）。只需要把 Load 函数移动到一个编辑器可见的类中，以便在编辑模式下调用，然后修改或删除相应的边，就可以达到预期效果。

假如你感觉错过了什么，参见 2.3 节的"准备工作"，你就能更好地理解开头部分了。

关于自定义编辑器、编辑器脚本化，以及如何在编辑模式下执行代码的更多信息，请参阅 Unity 的文档，网址如下：

❑ http://docs.unity3d.com/ScriptReference/Editor.html
❑ http://docs.unity3d.com/ScriptReference/ExecuteInEditMode.
  html
❑ http://docs.unity3d.com/Manual/PlatformDependentCompilation.
  html

2.4 用自制的导航网格表示世界

有时候要处理复杂的情况，比如不同类型的图，用自定义的导航网格是很有必要的，但是手动摆放图中的点非常麻烦，因为需要很长时间去完成大块区域。

我们将学习如何使用模型的网格，以便生成一个导航网格，这个网格把三角形的几何中心作为顶点，然后利用可视点表示法中学到的重要技术。

准备工作

本节需要一些自定义编辑器脚本的知识，并了解实现可见图表示中的要点。另外值得一提的是，脚本自动地实例化场景中的 `CustomNavMesh` 游戏对象，需要指定一个预制件，就像任何其他的图表示那样。

最后，重要的是创建下面这个继承自 GraphVisibility 的类：

```
using UnityEngine;
using System.Collections;
using System.Collections.Generic;

public class CustomNavMesh : GraphVisibility
{
    public override void Start()
    {
        instIdToId = new Dictionary<int, int>();
    }
}
```

操作步骤

要创建一个编辑器窗口，用于简单地处理自动化流程，而不是把重担压在图的 Start 函数上，否则会延迟场景的加载：

1. 创建 CustomNavMeshWindow 类，把它放在 Editor 目录中：

```
using UnityEngine;
using UnityEditor;
using System.Collections;
using System.Collections.Generic;

public class CustomNavMeshWindow : EditorWindow
{
    // next steps here
}
```

2. 将属性添加到编辑器窗口中：

```
static bool isEnabled = false;
static GameObject graphObj;
static CustomNavMesh graph;
static CustomNavMeshWindow window;
static GameObject graphVertex;
```

3. 实现用于初始化和显示窗口的函数：

```
[MenuItem("UAIPC/Ch02/CustomNavMeshWindow")]
static void Init()
{
    window = EditorWindow.GetWindow<CustomNavMeshWindow>();
    window.title = "CustomNavMeshWindow";
    SceneView.onSceneGUIDelegate += OnScene;
    graphObj = GameObject.Find("CustomNavMesh");
    if (graphObj == null)
    {
        graphObj = new GameObject("CustomNavMesh");
        graphObj.AddComponent<CustomNavMesh>();
        graph = graphObj.GetComponent<CustomNavMesh>();
    }
    else
    {
```

```
graph = graphObj.GetComponent<CustomNavMesh>();
if (graph == null)
    graphObj.AddComponent<CustomNavMesh>();
graph = graphObj.GetComponent<CustomNavMesh>();
    }
}
```

4. 定义 OnDestroy 函数：

```
void OnDestroy()
{
    SceneView.onSceneGUIDelegate -= OnScene;
}
```

5. 实现 OnGUI 函数，用于绘制窗口内部：

```
void OnGUI()
{
    isEnabled = EditorGUILayout.Toggle("Enable Mesh Picking",
isEnabled);
    if (GUILayout.Button("Build Edges"))
    {
        if (graph != null)
            graph.LoadGraph();
    }
}
```

6. 实现 OnScene 函数的前半部分，用于处理在场景窗口上的左击事件：

```
private static void OnScene(SceneView sceneView)
{
    if (!isEnabled)
        return;
    if (Event.current.type == EventType.MouseDown)
    {
        graphVertex = graph.vertexPrefab;
        if (graphVertex == null)
        {
            Debug.LogError("No Vertex Prefab assigned");
            return;
        }
        Event e = Event.current;
        Ray ray =
HandleUtility.GUIPointToWorldRay(e.mousePosition);
        RaycastHit hit;
        GameObject newV;
        // next step
    }
}
```

7. 实现后半部分，用于实现点击网格的行为：

```
if (Physics.Raycast(ray, out hit))
{
    GameObject obj = hit.collider.gameObject;
    Mesh mesh = obj.GetComponent<MeshFilter>().sharedMesh;
    Vector3 pos;
    int i;
```

```
for (i = 0; i < mesh.triangles.Length; i += 3)
{
    int i0 = mesh.triangles[i];
    int i1 = mesh.triangles[i + 1];
    int i2 = mesh.triangles[i + 2];
    pos = mesh.vertices[i0];
    pos += mesh.vertices[i1];
    pos += mesh.vertices[i2];
    pos /= 3;
    newV = (GameObject)Instantiate(graphVertex, pos,
Quaternion.identity);
    newV.transform.Translate(obj.transform.position);
    newV.transform.parent = graphObj.transform;
    graphObj.transform.parent = obj.transform;
}
}
```

运行原理

我们创建了一个自定义的编辑器窗口，编写了用于处理场景窗口事件的代理函数 OnScene。另外，可以通过遍历网格顶点数组创建图节点，计算每个三角形的几何中心。最后，利用图的 LoadGraph 函数计算邻接点。

2.5　用深度优先搜索在迷宫中找到出路

深度优先搜索（DFS）算法是一个适合小内存设备的寻路算法，另一种常见用法是构建迷宫，只对访问和发现的节点列表做一些修改，然而主要的算法还是一样的。

准备工作

DFS 是一个上层算法，依赖于图的每个主要函数的实现（build, init 等），所以这个算法在 Graph 类中实现。

请花点时间验证一下该方法在什么时候操作实际的游戏对象或者顶点 ID。

操作步骤

虽然本节只定义一个函数，但是请注意代码中的注释，以便更好地理解代码逻辑：

1. 声明 GetPathDFS 函数：

```
public List<Vertex> GetPathDFS(GameObject srcObj, GameObject
dstObj)
{
    // next steps
}
```

2. 验证输入对象是否为 null：

```
if (srcObj == null || dstObj == null)
    return new List<Vertex>();
```

3. 声明并初始化算法需要用到的变量：

```
Vertex src = GetNearestVertex(srcObj.transform.position);
Vertex dst = GetNearestVertex(dstObj.transform.position);
Vertex[] neighbours;
Vertex v;
int[] previous = new int[vertices.Count];
for (int i = 0; i < previous.Length; i++)
    previous[i] = -1;
previous[src.id] = src.id;
Stack<Vertex> s = new Stack<Vertex>();
s.Push(src);
```

4. 实现用于查找路径的 DFS 算法：

```
while (s.Count != 0)
{
    v = s.Pop();
    if (ReferenceEquals(v, dst))
    {
        return BuildPath(src.id, v.id, ref previous);
    }

    neighbours = GetNeighbours(v);
    foreach (Vertex n in neighbours)
    {
        if (previous[n.id] != -1)
            continue;
        previous[n.id] = v.id;
        s.Push(n);
    }
}
```

运行原理

此算法基于 DFS 的迭代版本，也基于图的顺序遍历和使用栈遍历节点并添加发现的节点的后进先出原则。

延伸阅读

我们调用了 BuildPath 函数，但是并没有实现它，请注意这个函数几乎在本章中的每个寻路算法中都被调用，这也是为什么它不是本方法的一部分。

下面是 BuildPath 的代码：

```
private List<Vertex> BuildPath(int srcId, int dstId, ref int[] prevList)
{
    List<Vertex> path = new List<Vertex>();
    int prev = dstId;
    do
    {
        path.Add(vertices[prev]);
```

```
        prev = prevList[prev];
    } while (prev != srcId);
    return path;
}
```

2.6　用广度优先搜索在网格中找到最短路径

广度优先搜索（BFS）算法是另一个用于图遍历的基础技术，目的是用尽可能最少的步骤获取最短路径，并且权衡内存方面的消耗，尤其针对高端主机和计算机的游戏。

准备工作

广度优先搜索是上层算法，依赖于每个图的通用函数的实现，所以这个算法在 Graph 类中实现。

操作步骤

虽然本节只定义一个函数，但是请注意代码中的注释，以便更好地理解代码逻辑：

1. 声明 GetPathBFS 函数：

```
public List<Vertex> GetPathBFS(GameObject srcObj, GameObject
dstObj)
{
    if (srcObj == null || dstObj == null)
        return new List<Vertex>();
    // next steps
}
```

2. 声明并初始化在算法中需要用到的变量：

```
Vertex[] neighbours;
Queue<Vertex> q = new Queue<Vertex>();
Vertex src = GetNearestVertex(srcObj.transform.position);
Vertex dst = GetNearestVertex(dstObj.transform.position);
Vertex v;
int[] previous = new int[vertices.Count];
for (int i = 0; i < previous.Length; i++)
    previous[i] = -1;
previous[src.id] = src.id;
q.Enqueue(src);
```

3. 实现查找路径的 BFS 算法：

```
while (q.Count != 0)
{
    v = q.Dequeue();
    if (ReferenceEquals(v, dst))
    {
        return BuildPath(src.id, v.id, ref previous);
    }

    neighbours = GetNeighbours(v);
```

```
    foreach (Vertex n in neighbours)
    {
        if (previous[n.id] != -1)
            continue;
        previous[n.id] = v.id;
        q.Enqueue(n);
    }
}
return new List<Vertex>();
```

运行原理

BFS 算法与 DFS 算法相似，因为它也基于图的顺序遍历，但是不像 DFS 那样用栈，BFS 使用队列存储访问过的节点。

延伸阅读

你可能没有注意到这里没有实现 `BuildPath` 方法，因为在 2.5 节已经讨论过。

2.7 用迪杰斯特拉算法找到最短路径

迪杰斯特拉算法最初的设计目标是解决图的单源最短路径问题。所以，这个算法找到的是从单一起点到各个终点的最低成本的路线。我们将学习如何用两种不同的方式使用这个算法。

准备工作

考虑到 .NET 框架和 Mono 都没有预定义操作二叉堆或优先队列的结构，第一件要做的事是从**游戏编程百科网站（GPWWiki）**把二叉堆类导入到项目中。

操作步骤

我们要学习如何使用与其他算法相同个数的参数实现迪杰斯特拉算法，然后解释如何修改算法，以便最大限度地发挥它的初衷：

1. 定义 `GetPathDijkstra` 函数及其内部变量：

```
public List<Vertex> GetPathDijkstra(GameObject srcObj, GameObject
dstObj)
{
    if (srcObj == null || dstObj == null)
        return new List<Vertex>();
    Vertex src = GetNearestVertex(srcObj.transform.position);
    Vertex dst = GetNearestVertex(dstObj.transform.position);
    GPWiki.BinaryHeap<Edge> frontier = new
GPWiki.BinaryHeap<Edge>();
    Edge[] edges;
    Edge node, child;
```

```
    int size = vertices.Count;
    float[] distValue = new float[size];
    int[] previous = new int[size];

    // next steps
}
```

2. 将源节点添加到堆中（像优先队列那样），然后赋一个无限大的距离值给所有除源节点之外的节点：

```
node = new Edge(src, 0);
frontier.Add(node);
distValue[src.id] = 0;
previous[src.id] = src.id;
for (int i = 0; i < size; i++)
{
    if (i == src.id)
        continue;
    distValue[i] = Mathf.Infinity;
    previous[i] = -1;
}
```

3. 定义一个循环以遍历非空队列：

```
while (frontier.Count != 0)
{
    node = frontier.Remove();
    int nodeId = node.vertex.id;
    // next steps
}
return new List<Vertex>();
```

4. 编写到达终点时的代码：

```
if (ReferenceEquals(node.vertex, dst))
{
    return BuildPath(src.id, node.vertex.id, ref previous);
}
```

5. 另外，把访问过的节点和邻接点添加到队列中，然后返回路径（如果存在一条从源点到终点的路径，值就不为空）：

```
edges = GetEdges(node.vertex);
foreach (Edge e in edges)
{
    int eId = e.vertex.id;
    if (previous[eId] != -1)
        continue;
    float cost = distValue[nodeId] + e.cost;
    if (cost < distValue[e.vertex.id])
    {
        distValue[eId] = cost;
        previous[eId] = nodeId;
        frontier.Remove(e);
        child = new Edge(e.vertex, cost);
        frontier.Add(child);
    }
}
```

运行原理

迪杰斯特拉算法与 BFS 算法的原理相似，但是要考虑非负边的成本，以便构建出从源点到每个终点的最佳路线，这就是用数组存储前向顶点的原因。

延伸阅读

我们还要学习如何修改现有的迪杰斯特拉算法，以便用预处理的技术解决问题并优化路径查找时间。这可以看作是三大步：修改主算法，创建预处理函数（可以用编辑器模式），最后定义路径获取函数。

1. 修改主函数的签名：

```
public int[] Dijkstra(GameObject srcObj)
```

2. 改变返回值：

```
return previous;
```

3. 移除"操作步骤"第 4 步中的代码：

```
if (ReferenceEquals(node.vertex, dst))
{
    return BuildPath(src.id, node.vertex.id, ref previous);
}
```

另外，删除开头处下面这行代码：

```
Vertex dst = GetNearestVertex(dstObj.transform.position);
```

4. 在 Graph 类中创建一个新的成员值：

```
List<int[]> routes = new List<int[]>();
```

5. 定义预处理函数 DijkstraProcessing：

```
public void DijkstraProcessing()
{
    int size = GetSize();
    for (int i = 0; i < size; i++)
    {
        GameObject go = vertices[i].gameObject;
        routes.add(Dijkstra(go));
    }
}
```

6. 实现新的 GetPathDijkstra 函数，用于获取路径：

```
public List<Vertex> GetPathDijkstra(GameObject srcObj, GameObject dstObj)
{
    List<Vertex> path = new List<Vertex>();
    Vertex src = GetNearestVertex(srcObj);
```

```
    Vertex dst = GetNearestVertex(dstObj);
    return BuildPath(src.id, dst.id, ref routes[dst.id]);
}
```

你可能没有注意到，我们没有实现 BuildPath 方法，这是因为在 2.5 节已经讨论过。

2.8　用 A* 找到最优路径

A* 算法可能是路径查找中最常用的技术了，因为它容易实现、效率高，而且还有优化的余地。所以有一些算法把它作为基础并非巧合。另外，A* 与迪杰斯特拉算法具有同根性，所以你会发现它们实现上的相似之处。

准备工作

就像迪杰斯特拉算法，本节也使用 GPWiki 中的二叉堆实现。同样，理解它们代表什么以及它们的原理很重要。最后，我们进入启发式搜索，这意味着我们需要理解什么是启发式以及它的用处是什么。

简单来说，就本节的目的而言，启发式算法是一个用于计算两个顶点之间近似成本的函数，以便于比较其他结果并选择最小成本的结果。

我们需要对 Graph 类做一个小的修改：

1. 将成员变量定义为 delegate：

```
public delegate float Heuristic(Vertex a, Vertex b);
```

2. 实现欧几里得距离的函数，作为默认的启发式算法：

```
public float EuclidDist(Vertex a, Vertex b)
{
    Vector3 posA = a.transform.position;
    Vector3 posB = b.transform.position;
    return  Vector3.Distance(posA, posB);
}
```

3. 实现曼哈顿距离的函数，作为另一个启发式算法。它将帮助我们比较使用不同启发式算法的结果：

```
public float ManhattanDist(Vertex a, Vertex b)
{
    Vector3 posA = a.transform.position;
    Vector3 posB = b.transform.position;
    return Mathf.Abs(posA.x - posB.x) + Mathf.Abs(posA.y - posB.y);
}
```

操作步骤

虽然本节定义了一个函数，但是请注意代码中的注释，以便更好地理解代码逻辑：

1. 定义 GetPathAstar 函数及其成员变量：

```
public List<Vertex> GetPathAstar(GameObject srcObj, GameObject
dstObj, Heuristic h = null)
{
    if (srcObj == null || dstObj == null)
        return new List<Vertex>();
    if (ReferenceEquals(h, null))
        h = EuclidDist;

    Vertex src = GetNearestVertex(srcObj.transform.position);
    Vertex dst = GetNearestVertex(dstObj.transform.position);
    GPWiki.BinaryHeap<Edge> frontier = new
GPWiki.BinaryHeap<Edge>();
    Edge[] edges;
    Edge node, child;
    int size = vertices.Count;
    float[] distValue = new float[size];
    int[] previous = new int[size];
    // next steps
}
```

2. 将源节点添加到堆（作为优先队列）中并赋一个无限大的距离值给除源节点之外的所有顶点：

```
node = new Edge(src, 0);
frontier.Add(node);
distValue[src.id] = 0;
previous[src.id] = src.id;
for (int i = 0; i < size; i++)
{
    if (i == src.id)
        continue;
    distValue[i] = Mathf.Infinity;
    previous[i] = -1;
}
```

3. 声明用于遍历图的循环：

```
while (frontier.Count != 0)
{
    // next steps
}
return new List<Vertex>();
```

4. 实现用于在必要时返回路径的条件逻辑：

```
node = frontier.Remove();
int nodeId = node.vertex.id;
if (ReferenceEquals(node.vertex, dst))
{
    return BuildPath(src.id, node.vertex.id, ref previous);
}
```

5. 获取顶点的邻接点（某些书中也叫作**前驱节点**）：

```
edges = GetEdges(node.vertex);
```

6. 遍历邻接点，用于计算 cost 函数：

```
foreach (Edge e in edges)
{
    int eId = e.vertex.id;
    if (previous[eId] != -1)
        continue;
    float cost = distValue[nodeId] + e.cost;
    // key point
    cost += h(node.vertex, e.vertex);
    // next step
}
```

7. 如果有必要的话，扩大已经访问过的节点（frontier）列表并更新成本值：

```
if (cost < distValue[e.vertex.id])
{
    distValue[eId] = cost;
    previous[eId] = nodeId;
    frontier.Remove(e);
    child = new Edge(e.vertex, cost);
    frontier.Add(child);
}
```

运行原理

　　A* 的原理与迪杰斯特拉算法很相似，但是，A* 不是从所有可能的节点中选择出真正的最低成本的节点，而是基于一个给定的启发式算法选择出最优的节点，然后继续下去。在我们的示例中，默认的启发式算法仅仅基于两个顶点间的欧几里得距离，或者曼哈顿距离。

延伸阅读

　　鼓励你根据不同的游戏和上下文编写不同的启发式算法的函数，下面是一个示例：
在 Graph 类中定义启发式函数：

```
public float Heuristic(Vertex a, Vertex b)
{
  float estimation = 0f;
  // your logic here
  return estimation;
}
```

　　在这里最重要的事情是，我们开发的启发式算法既是可接受的，又是始终一致的。更多关于这些话题的深入原理请参考 Russel 和 Norvig 的著作：*Artificial Intelligence: A Modern Approach*。

　　你可能没有注意到，我们没有实现 BuildPath 方法，这是因为在 2.5 节中已经讨论过。

其他参考

请参考本章中的以下内容：

❑ 见 2.7 节

❑ 见 2.5 节

关于 Delegates 的更多信息，请参阅网站上的官方文档：

https://unity3d.com/learn/tutorials/modules/intermediate/scripting/delegates

2.9　改进 A* 算法的内存占用：IDA*

IDA* 是一个叫作迭代深化 DFS（Iterative Deepening Depth-First Search）算法的变种，内存使用量比 A* 小，因为它不使用数据结构存储找到的和访问过的节点。

准备工作

学习本节之前，最好对递归原理有所了解。

操作步骤

本节较长，可以分成两大步骤：创建主函数和创建内部的递归函数。请注意代码中的注释，以便更好地理解代码逻辑：

1. 定义主函数 GetPathIDAstar：

```
public List<Vertex> GetPathIDAstar(GameObject srcObj, GameObject
dstObj, Heuristic h = null)
{
    if (srcObj == null || dstObj == null)
        return new List<Vertex>();
    if (ReferenceEquals(h, null))
        h = EuclidDist;
    // next steps;
}
```

2. 声明并计算算法中要用到的变量：

```
List<Vertex> path = new List<Vertex>();
Vertex src = GetNearestVertex(srcObj.transform.position);
Vertex dst = GetNearestVertex(dstObj.transform.position);
Vertex goal = null;
bool[] visited = new bool[vertices.Count];
for (int i = 0; i < visited.Length; i++)
visited[i] = false;
visited[src.id] = true;
```

3. 实现算法循环：

```
float bound = h(src, dst);
while (bound < Mathf.Infinity)
{
    bound = RecursiveIDAstar(src, dst, bound, h, ref goal, ref
visited);
}
if (ReferenceEquals(goal, null))
    return path;
return BuildPath(goal);
```

4. 构建递归的内部函数：

```
private float RecursiveIDAstar(
        Vertex v,
        Vertex dst,
        float bound,
        Heuristic h,
        ref Vertex goal,
        ref bool[] visited)
{
    // next steps
}
```

5. 做好开始递归的准备工作：

```
// base case
if (ReferenceEquals(v, dst))
    return Mathf.Infinity;
Edge[] edges = GetEdges(v);
if (edges.Length == 0)
    return Mathf.Infinity;
```

6. 对每个邻接点应用递归：

```
// recursive case
float fn = Mathf.Infinity;
foreach (Edge e in edges)
{
    int eId = e.vertex.id;
    if (visited[eId])
        continue;
    visited[eId] = true;
    e.vertex.prev = v;
    float f = h(v, dst);
    float b;
    if (f <= bound)
    {
        b = RecursiveIDAstar(e.vertex, dst, bound, h, ref goal, ref
visited);
        fn = Mathf.Min(f, b);
    }
    else
        fn = Mathf.Min(fn, f);
}
```

7. 返回递归结果的值：

```
return fn;
```

运行原理

我们会发现，这个算法与递归版本的深度优先搜索相似，但是使用的是 A* 中的基于启发式算法制定决策的思想。主函数负责启动递归并构建结果路径，递归函数负责遍历图，查找目标节点。

延伸阅读

这次我们还要实现一个不同的 BuildPath 函数，你可能已经使用了之前定义的 BuildPath。否则，我们还要实现这个还没有定义的方法：

```
private List<Vertex> BuildPath(Vertex v)
{
    List<Vertex> path = new List<Vertex>();
    while (!ReferenceEquals(v, null))
    {
        path.Add(v);
        v = v.prev;
    }
    return path;
}
```

2.10   在多个帧中规划导航：时间片搜索

当处理大型图时，计算路径可能会需要很长时间，甚至需要暂停游戏几秒，不夸张地说，这样会影响游戏的整体体验。幸好有办法可以避免。

 本节的思路是使用协程，让后台查找路径时游戏仍然能流畅运行。你需要了解一些协程的知识。

准备工作

我们要学习如何通过重构前面学过的 A* 算法，使用协程实现路径查找技术，但是我们要修改函数签名让它变成另一个函数。

操作步骤

虽然本节只定义一个函数，但是请注意代码中的注释，以便更好理解代码逻辑：

1.修改 Graph 类，并添加一些成员变量。其中一个用于存储路径，其他变量用于让我们知道协程是否已经执行完毕：

```
public List<Vertex> path;
public bool isFinished;
```

2.定义成员函数：

```
public IEnumerator GetPathInFrames(GameObject srcObj, GameObject
dstObj, Heuristic h = null)
{
    // 下面的步骤
}
```

3. 在开头处加入如下成员变量：

```
isFinished = false;
path = new List<Vertex>();
if (srcObj == null || dstObj == null)
{
    path = new List<Vertex>();
    isFinished = true;
    yield break;
}
```

4. 修改循环，用于遍历图：

```
while (frontier.Count != 0)
{
    // 通过A*改变
    yield return null;
    ////////////////////////////
    node = frontier.Remove();
```

5. 另外，添加验证路径获取的逻辑：

```
if (ReferenceEquals(node.vertex, dst))
{
    // 通过A*改变
    path = BuildPath(src.id, node.vertex.id, ref previous);
    break;
    ////////////////////////////
}
```

6. 主循环结束后，把成员变量重置为合适的值，并在函数的最后交还控制权：

```
isFinished = true;
yield break;
```

运行原理

主循环中 `yield return null` 语句的意思是把控制权交给上层函数，这样就可以利用 Unity 内部的多任务系统在每一个新帧中计算新的循环。

其他参考

❑ 见 2.8 节

关于协程的更多信息和示例，请参阅官方文档，网址是：

❑ http://docs.unity3d.com/Manual/Coroutines.html

❑ https://unity3d.com/learn/tutorials/modules/intermediate/
scripting/coroutines

2.11　使路径变得平滑

当处理图（比如网格）中标准大小的顶点时，经常会看到游戏中的 agent 机械式地移动。根据我们开发的游戏类型，可以通过使用路径平滑技术避免这个现象，如图 2-2 所示。

原路径　　　　　平滑路径

图　2-2

准备工作

在 Unity 编辑器中定义一个 Wall 标签，并将其指定给场景中的导航过程中作为墙体或障碍物的每一个对象。

操作步骤

这是一个简单却强大的函数：

1. 定义 Smooth 函数：

```
public List<Vertex> Smooth(List<Vertex> path)
{
    // 这里是下面的代码
}
```

2. 检查是否值得生成一条新的路径：

```
List<Vertex> newPath = new List<Vertex>();
if (path.Count == 0)
    return newPath;
if (path.Count < 3)
    return path;
```

3. 实现用于遍历列表的循环，并构建新的路径：

```
newPath.Add(path[0]);
int i, j;
for (i = 0; i < path.Count - 1;)
{
    for (j = i + 1; j < path.Count; j++)
    {
        // 这里是下面的代码
    }
    i = j - 1;
    newPath.Add(path[i]);
}
return newPath;
```

4. 声明并计算发射射线函数要使用的变量：

```
Vector3 origin = path[i].transform.position;
Vector3 destination = path[j].transform.position;
Vector3 direction = destination - origin;
float distance = direction.magnitude;
```

```
bool isWall = false;
direction.Normalize();
```

5. 从当前起点发射一条射线到下一个点：

```
Ray ray = new Ray(origin, direction);
RaycastHit[] hits;
hits = Physics.RaycastAll(ray, distance);
```

6. 检查是否有一堵墙，有就退出循环：

```
foreach (RaycastHit hit in hits)
{
    string tag = hit.collider.gameObject.tag;
    if (tag.Equals("Wall"))
    {
        isWall = true;
        break;
    }
}
if (isWall)
    break;
```

运行原理

我们创建了一条新的路径，把初始节点作为起点，然后发射射线到路径中的下一个点，直到碰到墙。碰到墙时，我们把上一个没遇到障碍的节点放进新路径，作为当前节点，来发射射线，直到没有节点需要检测或者当前节点就是目标节点。这就是我们构建一条更直观的路径的方式。

决策制定

本章中，我们将学习以下内容：

❑ 通过决策树做选择

❑ 实现有限状态机

❑ 改进有限状态机：分层的有限状态机

❑ 实现行为树

❑ 使用模糊逻辑

❑ 用面向目标的行为制定决策

❑ 实现黑板架构

❑ 尝试 Unity 的动画状态机

3.1　简介

如果我们只是依赖于简单的控制结构，根据游戏的状态来制定决策或改变游戏流程可能会非常麻烦。这就是为什么要学习不同的决策制定技术，以便灵活地应对不同类型的游戏，而且能够足够健壮地帮助我们构建模块化的决策制定系统。

本章中涵盖的技术主要是树、自动机及矩阵。某些章节需要对递归、继承、多态的原理有所理解，所以最好复习一下这些内容。

3.2　通过决策树做选择

处理决策制定问题的最简单的机制之一是决策树。因为决策树效率高且容易理解和实现。所以它是目前用得最多的技术之一，被广泛地用于其他角色控制领域中，比如动画。

准备工作

本节需要对递归和继承有较好的理解，因为本节中我们要不断地实现和调用虚函数。

操作步骤

本节需要花些精力，因为需要处理很多文件。总的来说，我们要创建一个让其他类来继承的父类 DecisionTreeNode，最后要学习如何实现标准的决策节点。

1. 创建父类 DecisionTreeNode：

```
using UnityEngine;
using System.Collections;
public class DecisionTreeNode : MonoBehaviour
{
    public virtual DecisionTreeNode MakeDecision()
    {
        return null;
    }
}
```

2. 创建抽象类 Decision，继承自父类 DecisionTreeNode，代码如下所示：

```
using UnityEngine;
using System.Collections;
public class Decision : DecisionTreeNode
{
    public Action nodeTrue;
    public Action nodeFalse;

    public virtual Action GetBranch()
    {
        return null;
    }
}
```

3. 定义伪抽象类 Action：

```
using UnityEngine;
using System.Collections;
public class Action : DecisionTreeNode
{
    public bool activated = false;

    public override DecisionTreeNode MakeDecision()
    {
        return this;
    }
}
```

4. 实现虚函数 LateUpdate：

```
public virtual void LateUpdate()
```

```
{
    if (!activated)
        return;
    // 在这里编写你的行为逻辑
}
```

5. 创建最后一个类 DecisionTree：

```
using UnityEngine;
using System.Collections;
public class DecisionTree : DecisionTreeNode
{
    public DecisionTreeNode root;
    private Action actionNew;
    private Action actionOld;
}
```

6. 重写 MakeDecision 函数：

```
public override DecisionTreeNode MakeDecision()
{
    return root.MakeDecision();
}
```

7. 实现 Update 函数：

```
void Update()
{
    actionNew.activated = false;
    actionOld = actionNew;
    actionNew = root.MakeDecision() as Action;
    if (actionNew == null)
        actionNew = actionOld;
    actionNew.activated = true;
}
```

运行原理

决策节点选择要走的路线，递归地调用 MakeDecision 函数。值得注意的是分支必须是决策，而叶子节点必须是行动。另外，我们应该注意不要在树中创建环。如图 3-1 所示。

延伸阅读

可以从之前创建的抽象类中开始，创建自定义的决策和行动，比如，决定是攻击玩家还是逃离玩家。

下面的代码片段是自定义的 Boolean 类型的决策：

```
using UnityEngine;
using System.Collections;
```

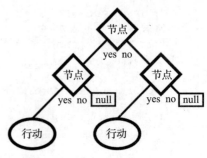

图 3-1

```
public class DecisionBool : Decision
{
    public bool valueDecision;
    public bool valueTest;

    public override Action GetBranch()
    {
        if (valueTest == valueDecision)
            return nodeTrue;
        return nodeFalse;
    }
}
```

3.3 实现有限状态机

另一个有意思而易于实现的技术是**有限状态机（FSM）**。有限状态机让我们改变了前一节的思路。当我们的思路是面向事件打算保持行为直到满足某个条件才改变时，有限状态机非常有用。

准备工作

这项技术主要基于自动机行为，也是下一节内容的铺垫，而下一节是相对于本节的改进版本。

操作步骤

本节从零开始，分成 3 个类来实现。

1. 实现 `Condition` 类：

```
public class Condition
{
    public virtual bool Test()
    {
        return false;
    }
}
```

2. 定义 `Transition` 类，代码如下：

```
public class Transition
{
    public Condition condition;
    public State target;
}
```

3. 定义 `State` 类，代码如下：

```
using UnityEngine;
using System.Collections.Generic;

public class State : MonoBehaviour
```

```
{
    public List<Transition> transitions;
}
```

4. 实现 Awake 函数，代码如下：

```
public virtual void Awake()
{
    transitions = new List<Transition>();
    // TO-DO
    // 在这里设置你的transitions
}
```

5. 定义初始化函数，代码如下：

```
public virtual void OnEnable()
{
    // TO-DO
    // 在这里初始化状态
}
```

6. 定义析构函数，代码如下：

```
public virtual void OnDisable()
{
    // TO-DO
    // 在这里销毁状态
}
```

7. 定义 Update 函数，用于对当前状态做出合理的行为：

```
public virtual void Update()
{
    // TO-DO
    // 在这里编写行为逻辑
}
```

8. 实现 LateUpdate 函数，用于决策下一步启用哪个状态：

```
public void LateUpdate()
{
    foreach (Transition t in transitions)
    {
        if (t.condition.Test())
        {
            t.target.enabled = true;
            this.enabled = false;
            return;
        }
    }
}
```

运行原理

每个状态都是一个 MonoBehaviour 脚本，而根据这个状态来自哪个转移来决定启用还是禁用这个脚本。我们使用 LateUpdate 函数是为了不改变编写行为的惯用思路，而且使用 LateUpdate 检查现在是否是转移到另一个状态的时机。要记得禁用游戏对象中除初始状态外的所有状态。

有限无限状态机的图形化表示如图 3-2 所示。

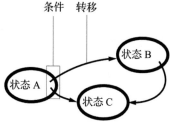

条件　转移

图 3-2　有限状态机的表示

延伸阅读

为了阐明如何开发继承于 Condition 的子类，让我们看几个示例：一个示例是验证某个值是否在范围内，另一个示例是作为两个条件之间的逻辑比较器：

ConditionFloat 类的代码如下：

```
using UnityEngine;
using System.Collections;

public class ConditionFloat : Condition
{
    public float valueMin;
    public float valueMax;
    public float valueTest;

    public override bool Test()
    {
        if (valueMax >= valueTest && valueTest >= valueMin)
            return true;
        return false;
    }
}
```

下面是 ConditionAnd 类的代码：

```
using UnityEngine;
using System.Collections;

public class ConditionAnd : Condition
{
    public Condition conditionA;
    public Condition conditionB;

    public override bool Test()
    {
        if (conditionA.Test() && conditionB.Test())
            return true;
        return false;
    }
}
```

3.4　改进有限状态机：分层的有限状态机

有限状态机可以通过划分不同层次和不同层级进行改进。原理还是相同的，只是状态还可以有自己的内部有限状态机，让状态更灵活且可以扩展。

准备工作

本节基于 3.2 节，所以我们最好理解有限状态机的运行原理。

操作步骤

我们要创建一个可以拥有内部状态的状态，目的是开发多层级的状态机：

1. 创建继承自 State 类的 StateHighLevel 类：

```
using UnityEngine;
using System.Collections;
using System.Collections.Generic;

public class StateHighLevel : State
{
}
```

2. 添加新的成员变量，用于控制内部状态：

```
public List<State> states;
public State stateInitial;
protected State stateCurrent;
```

3. 重写初始化函数：

```
public override void OnEnable()
{
    if (stateCurrent == null)
        stateCurrent = stateInitial;
    stateCurrent.enabled = true;
}
```

4. 重写析构函数：

```
public override void OnDisable()
{
    base.OnDisable();
    stateCurrent.enabled = false;
    foreach (State s in states)
    {
        s.enabled = false;
    }
}
```

运行原理

高层级的状态类在被启用时会激活其内部状态机，而当它被禁用时递归地禁用其内部状态。得益于状态列表和父类处理转移流程的方式，子状态的工作原理保持不变。

其他参考

更详细的介绍参见 3.2 节。

3.5 实现行为树

行为树可以看作是其他几个人工智能技术的综合体，比如有限状态机、规划，以及决策树。实际上，行为树与有限状态机有一些相似之处，但不是状态机，而是跨树结构的动作。

准备工作

本节需要理解协程。

操作步骤

就像决策树那样，我们要创建 3 个伪抽象类，用于处理这个过程：

1. 创建基类 Task：

```
using UnityEngine;
using System.Collections;
using System.Collections.Generic;

public class Task : MonoBehaviour
{
    public List<Task> children;
    protected bool result = false;
    protected bool isFinished = false;
}
```

2. 实现析构函数：

```
public virtual void SetResult(bool r)
{
    result = r;
    isFinished = true;
}
```

3. 实现用于创建行为的函数：

```
public virtual IEnumerator Run()
{
    SetResult(true);
    yield break;
}
```

4. 实现用于启动行为的通用函数：

```
public virtual IEnumerator RunTask()
{
    yield return StartCoroutine(Run());
}
```

5. 创建 ConditionBT 类：

```
using UnityEngine;
using System.Collections;
```

```
public class ConditionBT : Task
{
    public override IEnumerator Run()
    {
        isFinished = false;
        bool r = false;
        // 在这里编写你的行为逻辑
        // 不管是ture还是false定义, result (r)
        //----------
        SetResult(r);
        yield break;
    }
}
```

6. 创建用于行动的 base 类:

```
using UnityEngine;
using System.Collections;

public class ActionBT : Task
{
    public override IEnumerator Run()
    {
        isFinished = false;
        // 在这里编写你的行为逻辑
        //----------
        return base.Run();
    }
}
```

7. 实现 Selector 类:

```
using UnityEngine;
using System.Collections;

public class Selector : Task
{
    public override void SetResult(bool r)
    {
        if (r == true)
            isFinished = true;
    }

    public override IEnumerator RunTask()
    {
        foreach (Task t in children)
            yield return StartCoroutine(t.RunTask());
    }
}
```

8. 实现 Sequence 类:

```
using UnityEngine;
using System.Collections;

public class Sequence : Task
{
    public override void SetResult(bool r)
```

```
    {
        if (r == true)
            isFinished = true;
    }

    public override IEnumerator RunTask()
    {
        foreach (Task t in children)
            yield return StartCoroutine(t.RunTask());
    }
}
```

运行原理

行为树与决策树原理相似。但是，叶子节点叫作任务，而且有一些分支节点并不是条件，却以两种方式（`Selector` 与 `Sequence`）中的其中一种来运行一组任务。`Selector` 运行一组任务时，当其中一个任务返回 ture 时，就返回 true，可以认为是一个 OR 节点。`Sequence` 运行一组任务时，只有当所有任务都返回 true 时，才返回 true，可以认为是一个 AND 节点。

延伸阅读

❏ 更多深入的原理，请参考 Ian Millington 的 *Artificial Intellience for Games*。

3.6 使用模糊逻辑

有时候当我们必须得对灰色区域而不是基于二进制值的区域做出决策时，**模糊逻辑**可以作为帮助我们解决这种任务的一组数学技术。

假如我们正在开发一个自动驾驶程序，两个可用的行动是转向和速度控制，二者都有度的数值范围。决定如何转向，以及以什么速度行驶，是让驾驶员与众不同且可能更聪明的关键。这种类型的灰色区域就是模糊逻辑要帮我们表示和处理的。

准备工作

本节需要一组由连续整数编号的状态。因为这种表示在不同游戏中千差万别，我们处理来自这种模糊化状态的原始输入，目的是制作一个通用目的的模糊决策制定器。最后，决策制定器返回一组模糊值，表示每个状态的隶属度。

操作步骤

我们要创建两个基类以及模糊决策制定器：

1. 创建父类 `MembershipFunction`：

```
using UnityEngine;
using System.Collections;

public class MembershipFunction : MonoBehaviour
{
    public int stateId;
    public virtual float GetDOM(object input)
    {
        return 0f;
    }
}
```

2. 实现 FuzzyRule 类：

```
using System.Collections;
using System.Collections.Generic;

public class FuzzyRule
{
    public List<int> stateIds;
    public int conclusionStateId;
}
```

3. 创建 FuzzyDecisionMaker 类：

```
using UnityEngine;
using System.Collections;
using System.Collections.Generic;

public class FuzzyDecisionMaker : MonoBehaviour
{
}
```

4. 定义决策制定函数的签名及其成员变量：

```
public Dictionary<int,float> MakeDecision(object[] inputs,
MembershipFunction[][] mfList, FuzzyRule[] rules)
{
    Dictionary<int, float> inputDOM = new Dictionary<int, float>();
    Dictionary<int, float> outputDOM = new Dictionary<int,
float>();
    MembershipFunction memberFunc;
    // 下面的步骤
}
```

5. 实现用于遍历输入值的循环，并保存每个状态的**隶属度**（DOM）：

```
foreach (object input in inputs)
{
    int r, c;
    for (r = 0; r < mfList.Length; r++)
    {
        for (c = 0; c < mfList[r].Length; c++)
        {
            // 下面的步骤
        }
    }
}
// 下面的步骤
```

6. 定义最内层的循环代码，利用合适的成员函数设置（或更新）隶属度：

```
memberFunc = mfList[r][c];
int mfId = memberFunc.stateId;
float dom = memberFunc.GetDOM(input);
if (!inputDOM.ContainsKey(mfId))
{
    inputDOM.Add(mfId, dom);
    outputDOM.Add(mfId, 0f);
}
else
    inputDOM[mfId] = dom;
```

7. 遍历规则，用于设置输出的隶属度值：

```
foreach (FuzzyRule rule in rules)
{
    int outputId = rule.conclusionStateId;
    float best = outputDOM[outputId];
    float min = 1f;
    foreach (int state in rule.stateIds)
    {
        float dom = inputDOM[state];
        if (dom < best)
            continue;
        if (dom < min)
            min = dom;
    }
    outputDOM[outputId] = min;
}
```

8. 返回一组 DOM：

```
return outputDOM;
```

运行原理

我们利用装箱 / 拆箱技术处理任何通过对象数据类型的输入。模糊化流程由成员函数协助完成，继承自开头创建的基类。然后把最小的 DOM 作为每个规则的输入状态，而根据来自任何适用规则的最大输出，计算每个输出状态的最终 DOM。

延伸阅读

我们可以创建一个示例成员函数，根据敌人的生命点数（范围从 0 到 100）小于或等于 30，定义敌人是否处于暴怒模式。

下面的代码用于示例 MFEnraged 类：

```
using UnityEngine;
using System;
using System.Collections;

public class MFEnraged : MembershipFunction
```

```
{
    public override float GetDOM(object input)
    {
        if ((int)input <= 30)
            return 1f;
        return 0f;
    }
}
```

值得注意的是，通常需要有一组完整的规则集，每个规则来自每个输入状态的组合。这样会使本节的方法缺乏扩展性，然而在输入变量的数量很小，且每个变量的状态数量很少时很有用。

其他参考

❑ 关于模糊化与扩展性缺点的更多深入介绍，请参考 Ian Millington 的书 *Artificial Intellience for Games*。

3.7 用面向目标的行为制定决策

面向目标的行为旨在为 agent 赋予智能感知和自由感知的能力，在确定目标后，能够从一组规则中选择一个规则。

假如我们正开发一个军队 agent，agent 不仅要达到夺旗的目标（主要目标），还要注意其生命值及弹药（首先达到的内部目标）。一种实现方式是使用通用算法来处理目标，这样 agent 就可以自由了。

准备工作

我们要学习如何创建基于目标的行动选择器，它可以根据主要目标选择一个行动，避开带有扰乱效果的无意识行动，并且要考虑行动的持续时间。就像前一节那样，需要按照数值对目标建模。

操作步骤

除了行动选择器，还要创建基类，用于行动和目标：

1. 创建用于建模行动的基类：

```
using UnityEngine;
using System.Collections;

public class ActionGOB : MonoBehaviour
{
  public virtual float GetGoalChange(GoalGOB goal)
  {
    return 0f;
```

```
  }

  public virtual float GetDuration()
  {
    return 0f;
  }
}
```

2. 创建 GoalGOB 父类及其成员函数：

```
using UnityEngine;
using System.Collections;

public class GoalGOB
{
  public string name;
  public float value;
  public float change;
}
```

3. 定义函数用于处理不满足的值，以及随着时间变化的值：

```
public virtual float GetDiscontentment(float newValue)
{
  return newValue * newValue;
}

public virtual float GetChange()
{
  return 0f;
}
```

4. 定义 ActionChooser 类：

```
using UnityEngine;
using System.Collections;

public class ActionChooser : MonoBehaviour
{
}
```

5. 实现函数，用于计算无意识的行动：

```
public float CalculateDiscontentment(ActionGOB action, GoalGOB[]
goals)
{
  float discontentment = 0;
  foreach (GoalGOB goal in goals)
  {
    float newValue = goal.value + action.GetGoalChange(goal);
    newValue += action.GetDuration() * goal.GetChange();
    discontentment += goal.GetDiscontentment(newValue);
  }
  return discontentment;
}
```

6. 实现用于选择行动的函数：

```
public ActionGOB Choose(ActionGOB[] actions, GoalGOB[] goals)
{
  ActionGOB bestAction;
  bestAction = actions[0];
  float bestValue = CalculateDiscontentment(actions[0], goals);
  float value;
  // 下面的步骤
}
```

7. 根据权衡原则选出最佳行动：

```
foreach (ActionGOB action in actions)
{
  value = CalculateDiscontentment(action, goals);
  if (value < bestValue)
  {
    bestValue = value;
    bestAction = action;
  }
}
```

8. 返回最佳行动：

```
return bestAction;
```

运行原理

计算不满足行动的函数根据目标值改变了多少，然后从行动和行动的执行时间的角度，帮助避免无意识的行动。然后，选择行动的函数根据最小影响（不满）计算出最佳的行动。

3.8　实现黑板架构

本章中，我们要模拟平时如何有组织地头脑风暴和制定决策。首先，这叫作**黑板架构**，或者**黑板系统**，就像一组专家聚集在一个房间里，房间有一个大黑板。专家门面对某个问题（事实、未知，等等），每个人可以添加或者删除黑板上的东西，并给出自己解决问题的意见。关键在于如何决定谁来领导。

假设我们有一个 RTS 游戏，需要构建一个城市，然后保卫这个城市，占据领土。对于这样一个任务，如果我们可以实现前面提到的解决不同问题的模块，比如构建和维持、守卫、攻击。就这一点而言，我们需要子模块（专家系统）来划分知识点和决策。根据游戏的当前状态，专家被赋予控制权以便采取行动来达到当前目标。

下面我们要精心解决这个问题。

准确工作

我们需要定义某个数据结构用于在实现主要的步骤前初始化：

1. 创建数据结构，用灵活的方式存储数据，代码如下：

```
public struct BlackboardDatum
{
  public int id;
  public string type;
  public object value;
}
```

2. 定义专家类，代码如下：

```
public abstract class BlackboardExpert
{
  public virtual float GetInsistence(Blackboard board)
  {
    return 0f;
  }
  public virtual void Run(Blackboard board){}
}
```

3. 创建数据结构，用于保存专家要采取的行动，代码如下：

```
public struct BlackboardAction
{
  public object expert;
  public string name;
  public System.Action action;
}
```

操作步骤

现在，我们创建处理黑板的类，以及要模拟的主要逻辑：

1. 定义 Blackboard 类，代码如下：

```
using System.Collections.Generic;

public class Blackboard
{
  public List<BlackboardDatum> entries;
  public List<BlackboardAction> pastActions;
  public List<BlackboardExpert> experts;
}
```

2. 实现构造函数：

```
public Blackboard()
{
  entries = new List<BlackboardDatum>();
  pastActions = new List<BlackboardAction>();
  experts = new List<BlackboardExpert>();
}
```

3. 定义迭代逻辑，代码如下：

```
public void RunIteration()
{
  // next steps
}
```

4. 添加所需变量：

```
BlackboardExpert bestExpert = null;
float maxInsistence = 0f;
```

5. 实现循环，用于决定下一步是哪个专家行动，代码如下：

```
foreach (BlackboardExpert e in experts)
{
  float insistence = e.GetInsistence(this);
  if (insistence > maxInsistence)
  {
    maxInsistence = insistence;
    bestExpert = e;
  }
}
```

6. 如果某个专家被选中了，就让他行动，代码如下：

```
if (bestExpert != null)
  bestExpert.Run(this);
```

运行原理

首先，我们把所有数据结构准备好，用于创建干净灵活且可复用的黑板系统。然后，准备好黑板，以及用于决定下一步轮到哪个专家行动的主循环。与第 1 章中基于优先级的行为混合算法非常类似，但它是用于解决问题的。每个专家计算出他的方法的重要程度，然后用最重要的方法来解决问题。要注意定义 GetInsistence 函数的返回值的范围。

更多参考

我们需要通过覆盖 Expert 类中的成员函数来实现自己的成员函数，要注意，GetInsistence 函数中的黑板条目是由每个专家读写的，然后在运行 Run 函数期间执行操作。如果专家的 Run 函数的计算成本很高，最好用协程来处理。

最后，通过把黑板定义为游戏状态，每个专家都可以读写数据，这可以在每个项目中重新访问。要让代码如期运行，请记住算法的优先级部分。

3.9 尝试 Unity 的动画状态机

当我们与艺术家合作实现动画，或者用自己的技术实现动画时，通常会在 Unity 的动画状态图上看到很多东西。然而，用代码实现动画不太常见。通常用 MonoBehaviour 脚本修改动画的状态，然后用单独的方式处理行为。

本节中会使用第 1 章中的基础移动行为，因为我们要用动画控制行为的状态。

准备工作

本节不包含 Animator 窗口中关于动画的初始化工作，读者可以自己实现。我们将专注于使用强大的内置有限状态机来控制 agent。

实现步骤

先初始化所有内容：

1. 使用 Project 窗口中的 Create 按钮创建一个新的 Animator Controller，如图 3-3 所示。

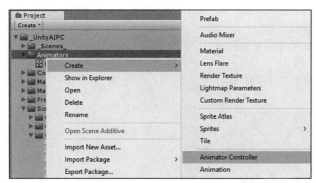

图 3-3

2. 创建一个新的默认状态，命名为 Wandering。

3. 创建一个新的状态，命名为 Pursuing。

4. 通过两次转换把这两个状态互相连接，如图 3-4 所示。

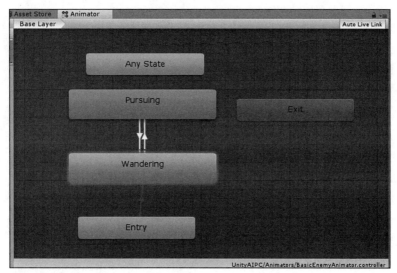

图 3-4

5. 创建两个触发器参数：**Pursue** 和 **Wander**，如图 3-5 所示。

图　3-5

6. 通过 Pursuing ->Wandering 转换把 Wander 参数赋给条件集，如图 3-6 所示。

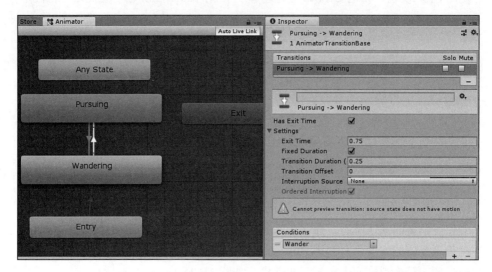

图　3-6

7. 在 Wandering -> Pursuing 转换中执行逆分配。

8. 我们需要在 Wander 状态上创建一个脚本，命名为 AFSMWandering，如图 3-7 所示。

9. 在 Pursue 状态上创建一个脚本，命名为 AFSM Pursue。

10. 创建一个新的 GameObject，命名为 Wanderer，附加到下面的组件上：

❏ Animator

❏ Agent

❏ Wander（禁用）

❏ Seek（禁用）

图 3-8 展示了游戏对象现在的设置，可以看它在上一步中提到的操作后的表现。

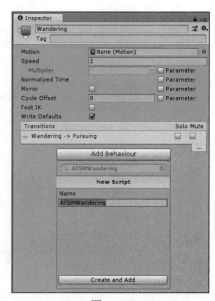

图　3-7

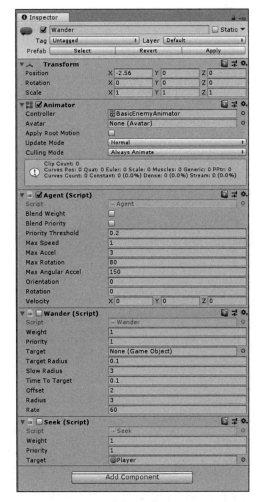

图　3-8

现在实现 Wander 状态。

1. 打开前面创建的代码文件 AFSMWanderer.cs

2. 添加下面的变量：

```
public float pursueDistance = 3f;
private Wander _wander;
private Seek _pursue;
```

3. 取消 OnStateEnter 成员函数的注释：

4. 添加代码：

```
AgentBehavior[] behaviors;
GameObject gameObject = animator.gameObject;
behaviors = gameObject.GetComponents<AgentBehavior>();
```

```
foreach (AgentBehavior b in behaviors)
  b.enabled = false;

_wander = gameObject.GetComponent<Wander>();
_pursue = gameObject.GetComponent<Seek>();
if (_wander == null || _pursue == null)
  return;
_wander.enabled = true;
animator.gameObject.name = "Wandering";
```

5. 取消 OnStateUpdate 成员函数的注释：

6. 添加代码：

```
Vector3 targetPos, agentPos;
targetPos = _pursue.target.transform.position;
agentPos = animator.transform.position;
float distance = Vector3.Distance(targetPos, agentPos);
if (distance > pursueDistance)
  return;
animator.SetTrigger("Pursue");
```

最后，我们在 Pursue 状态中实现类似代码：

1. 打开前面创建的代码文件 AFSMWanderer.cs

2. 添加下面的变量：

```
public float stopDistance = 8f;
private Wander _wander;
private Seek _pursue;
```

3. 取消 OnStateEnter 成员函数的注释：

4. 添加代码：

```
AgentBehavior[] behaviors;
GameObject gameObject = animator.gameObject;
behaviors = gameObject.GetComponents<AgentBehavior>();
foreach (AgentBehavior b in behaviors)
  b.enabled = false;

_wander = gameObject.GetComponent<Wander>();
_pursue = gameObject.GetComponent<Seek>();
if (_wander == null || _pursue == null)
  return;
_pursue.enabled = true;
animator.gameObject.name = "Seeking";
```

5. 取消 OnStateUpdate 成员函数的注释：

6. 添加代码：

```
Vector3 targetPos, agentPos;
targetPos = _pursue.target.transform.position;
agentPos = animator.transform.position;
if (Vector3.Distance(targetPos, agentPos) < stopDistance)
  return;
animator.SetTrigger("Wander");
```

实现原理

我们的有限状态机就是动画引擎。首先创建 agent 的状态和转换。然后创建继承于 `StateMachineBehaviour` 类的行为，把它附加到相应的状态上。另外，获取游戏对象和脚本组件所需要的信息，从而在每个状态中制作决策。如果有必要，调用合适的触发器以改变状态，从而改变 agent 的行为。

更多参考

通过使用 Unity 的动画状态机，我们获得了灵活性。用这种方式我们可以用最少的代码在几个 agent 间复用行为和制定决策。然而，获得了灵活性和模块化，却失去了脚本的中心化。所以要考虑在团队中使用的情况，要记住这是用于测试目的。

Chapter 4 第 4 章

新的 NavMesh API

本章中，我们将通过下面的内容学习如何使用新的 NavMesh API：

❏ 初始化 NavMesh 开发组件

❏ 创建和管理 NavMesh，用于多种类型的 agent

❏ 在运行时创建和更新 NavMesh 数据

❏ 控制 NavMesh 实例的生命周期

❏ 连接多个 NavMesh 实例

❏ 创建动态的带有障碍物的 NavMesh

❏ 用 NavMesh API 实现某些行为

4.1　简介

NavMesh API 的引入及其扩展，对 AI 和游戏玩法开法者来说，像是打开了新世界的大门。让我们可以更好地优化关卡，甚至是实时优化，而不需要额外的工具（至少大部分时候）。

本章中，我们将学习如何操作运行于强大的导航引擎之上的新工具。

4.2　初始化 NavMesh 开发组件

在制作关卡和了解所有内容之前，我们需要下载 Unity 的 GitHub 库里的一些资源。

准备工作

有些读者可能有使用 Unity 的导航引擎的经验。掌握如何使用 **Navigation** 窗口创建 NavMesh 很重要，而且要理解 NavMeshAgent 组件的基本内容。

操作步骤

从 GitHub 库下载资源：

1. 用浏览器打开网址 `https://github.com/Unity-Technologies/NavMesh Components`。

2. 进入 **releases** 页面，找到 **Code** 选项卡，如图 4-1 所示。

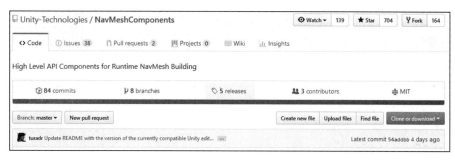

图　4-1

3. 下载与你的 Unity 版本对应的压缩文件，本书编写时使用的是 `2018.1.0f2`。

4. 把压缩文件解压到我们的工程代码之外的文件夹，解压后的文件也是一个 Unity 工程，如图 4-2 所示。

5. 打开 `Assets` 文件夹，如图 4-3 所示。

6. 复制或剪切 NavMeshComponents 文件夹到你的工程的 Asset 文件夹中，如图 4-4 所示。

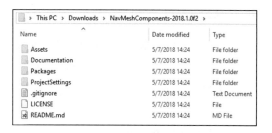

图　4-2

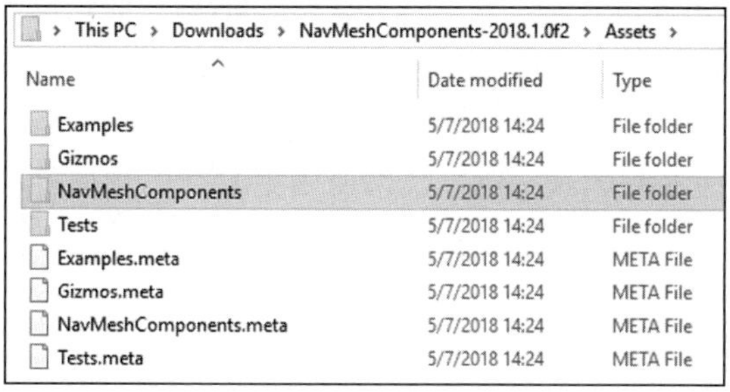

图　4-3

图　4-4

7. 让 Unity 重新加载资源。

运行原理

通过引入这些下载的脚本，距离自动创建导航网格（甚至是实时）的目标又近了一步。我们可以查看这些脚本的代码，然后修改底层 API 以创建更复杂的组件。

延伸阅读

可以用下面的步骤测试是否成功完成了上面的步骤：

1. 重新加载资源后检查是否有错误。

2. 创建一个空的游戏对象，或者随便选择一个进行测试。

3. 在 Inspector 窗口中单击 Add Component。

4. 在搜索栏中输入 NavMesh。

5. 确认下面的组件都在（见图 4-5）：

❑ Nav Mesh Agent（Unity 中）

❑ Nav Mesh Obstacle（Unity 中）

❑ NavMeshLink

❑ NavMeshModifier

❑ NavMeshModifierVolume

❑ NavMeshSurface

图 4-5

更多参考

关于整个导航系统和使用 NavMesh 开发组件的更多信息，请参考官方文档的链接：

❑ `https://docs.unity3d.com/Manual/Navigation.html`

❑ `https://docs.unity3d.com/Manual/NavMesh-BuildingComponents.html`

4.3 创建和管理 NavMesh，用于多种类型的 agent

可以让 agent 在关卡中不同的区域中有不同的行为，比如火山岩浆、沼泽、大门等。我们需要用不同的表示方法让 agent 无法穿过那个区域，改变 agent 的速度，或者简单地设计一条更好的路线来避开那些危险区域。

本节中，我们将学习如何在关卡中实现那些区域，所以我们要用更复杂的导航网格让 agent 处理更优的行为。

准备工作

沼泽地、浅滩、岩浆在关卡中很容易放置，也容易标记为导航区域。但是，大门就有

些不同了，我们需要在门的下面放置一个对象，门或弧的网格最好已经有基础网格。图 4-6
就是我们要讨论的：

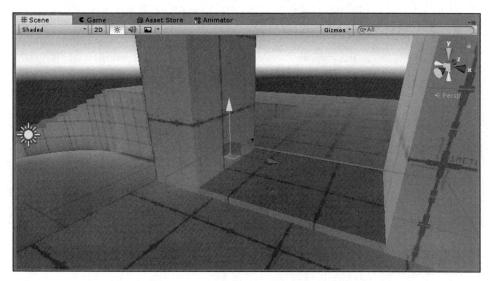

图 4-6　大门对象在对玩家可见的门之下

操作步骤

我们将学习如何在开始之前对 NavMesh 的设置做一些改变。

1. 用不同的区域创建游戏世界，在这里，我们要用正常的区域（可行走的）、大门和沼泽地。

2. 打开 Navigation 窗口：Menu | Window | Navigation。

3. 找到 Areas 选项卡。

4. 创建一个 `Swamp` 区域，cost 设置成 6。

5. 创建一个 `Door` 区域，cost 设置成 2，如图 4-7 所示。

6. 选择要模拟沼泽地行为的对象。

7. 打开 Navigation 窗口，选择 Object 选项卡。

8. 把 Navigation Area 的值改成 Swamp。

9. 选择要模拟大门行为的对象。

10. 打开 Navigation 窗口，选择 Object 选项卡。

11. 把 Navigation Area 的值改成 Door。

12. 生成 NavMesh，如图 4-8 所示。

然后，我们要初始化 agent 让它在指定的区域内表
现得如期所愿：

1. 向场景中添加 agent 对象。

图　4-7

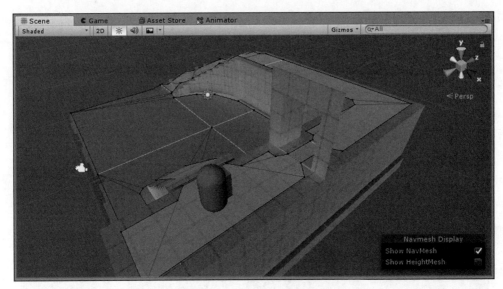

图 4-8　生成的 NavMesh

2. 给这个对象添加 NavMesh 组件。

3. 打开 Inspector 窗口。

4. 选择 agent 可以到达的区域。在这里，取消 Door 的区域遮挡，如图 4-9 所示。

图 4-9　NavMeshAgent 配置，让敌人无法穿过大门

运行原理

　　如前所述，根据设置，导航网格被划分成不同的区域。当实现用于找到目标的路径搜索算法时，agent 要考虑到为每个区域定义的权重。如文档所说，Unity 实现了 A* 算法，所以 agent 选择了成本最低的路径。它也只考虑了我们选择的区域。这就是为什么我们取消了大门，让玩家可以躲在门背后避难。

延伸阅读

　　我们还可以利用当前区域，让 agent 表现不同（比如改变速度）。在这种情况下，需要

知道 **NavMeshAgent** 组件的 `SamplePathPostion` 值。

4.4　在运行时创建和更新 NavMesh 数据

随着程序化内容生成的出现，具体到游戏关卡上，有必要跟进这些能够调整导航区域的技术。当我们需要用非脚本的方式实时销毁动态关卡时也可以用到。

准备工作

像前面一样，把 `NavMeshComponents` 目录放进我们的工程中。

另外，把 **NavMeshSurface** 组件附加到所有我们想要用新的导航网格构建的父对象上。

操作步骤

创建一个新的组件，命名为 **NavMeshBuilder**。

1. 创建一个文件，命名为 `NavMeshBuilder.cs`：

```
using UnityEngine;
using UnityEngine.AI;
using System.Collections;
using System.Collections.Generic;

public class NavMeshBuilder : MonoBehaviour
{
  // Next steps
}
```

2. 添加成员变量，用于保存导航区域面：

```
public NavMeshSurface[] surfaces;
```

3. 实现立即构建所有 `NavMesh` 的方法：

```
public void Build()
{
  for (int i = 0; i < surfaces.Length; i++)
  {
    surfaces[i].BuildNavMesh();
  }
}
```

4. 实现在多个帧之间构建所有 `NavMesh` 的方法：

```
public IEnumerator BuildInFrames(System.Action eventHandler)
{
  for (int i = 0; i < surfaces.Length; i++)
  {
    surfaces[i].BuildNavMesh();
    yield return null;
  }
```

```
    if (eventHandler != null)
        eventHandler.Invoke();
    }
```

运行原理

导入 `NavMeshComponents` 目录后，我们就可以通过 **NavMeshSurface** 组件操作网格和导航区域面了，使用它们的 *up* 向量检测移动区域。

第二个成员函数中，我们利用协程的系统来避免当需要快速处理复杂的区域表面时游戏卡顿。另外，当所有导航网格已经构建在区域表面上时，我们使用委托系统触发事件。

4.5　控制 NavMesh 实例的生命周期

我们偶尔需要动态创建导航，因为有时候拓扑结构是未知的。当处理程序化生成的关卡时显得尤为重要。一种做法是在运行时生成 NavMesh，之前提到过。然而，如果关卡的拓扑结构非常大或者复杂时就会有问题。幸好，Unity 开发的 NavMesh 组件可以用另一种方式帮助我们完成这个任务。

本节中，我们将学习如何利用 navMesh 组件，只创建一个 agent 附近的 NavMesh，而不需要大量的 NavMesh。

准备工作

与之前一样，把 `NavMeshComponents` 目录放进我们的工程中。

操作步骤

1. 创建游戏关卡，包括在地板或 agent 要导航的地形上的碰撞器。

2. 创建 agent 对象，包括这些组件：Capsule 或 BoxCollider、Rigidbody 和 NavMesh Agent。

3. 创建 `NMRealTimeBuilder` 类：

```
using UnityEngine;
using UnityEngine.AI;
using System.Collections;
using System.Collections.Generic;
using NavMeshBuilder = UnityEngine.AI.NavMeshBuilder;

public class NMRealTimeBuilder : MonoBehaviour
{
    // next steps
}
```

4. 声明要用到的成员变量：

```
public Transform agent;
public Vector3 boxSize = new Vector3(50f, 20f, 50f);
[Range(0.01f, 1f)]
public float sizeChange = 0.1f;
private NavMeshData navMesh;
private AsyncOperation operation;
private NavMeshDataInstance navMeshInstance;
private List<NavMeshBuildSource> sources = new
List<NavMeshBuildSource>();
```

5. 实现 static 成员函数，用于比较两个立方体：

```
static private Vector3 Quantize(Vector3 a, Vector3 q)
{
  float x = q.x * Mathf.Floor(a.x/q.x);
  float y = q.y * Mathf.Floor(a.y/q.y);
  float z = q.z * Mathf.Floor(a.z/q.z);
  return new Vector3(x, y, z);
}
```

6. 实现成员函数，内部要调用上面的函数：

```
private Bounds QuantizeBounds()
{
  Vector3 position = agent.transform.position;
  return new Bounds(Quantize(position, boxSize * sizeChange),
boxSize);
}
```

7. 定义成员函数，用于更新 agent 周围的 NavMesh：

```
private void UpdateNavMesh(bool isAsync = false)
{
  // next step
}
```

8. 实现上面声明的成员函数：

```
NavMeshSourceTag.Collect(ref sources);
NavMeshBuildSettings settings;
settings = NavMesh.GetSettingsByID(0);
Bounds bounds = QuantizeBounds();
if (isAsync)
  operation = NavMeshBuilder.UpdateNavMeshDataAsync(navMesh,
settings, sources, bounds);
else
 NavMeshBuilder.UpdateNavMeshData(navMesh, settings, sources,
bounds);
```

9. 实现 Awake 成员函数：

```
private void Awake()
{
  if (agent == null)
    agent = transform;
}
```

10. 实现 OnEnable 成员函数：

```
private void OnEnable()
{
  navMesh = new NavMeshData();
  navMeshInstance = NavMesh.AddNavMeshData(navMesh);
  UpdateNavMesh(false);
}
```

11. 实现 `OnDisable` 成员函数：

```
private void OnDisable()
{
  navMeshInstance.Remove();
}
```

运行原理

我们利用 NavMesh 组件的强大，创建一个更简单的组件，帮助我们构建游戏对象周围的自定义 NavMesh。

取得 agent 周围的范围大小，以及上一帧与这一帧之间的范围大小的差异。如果大于 `sizeChange` 的百分比，`NavMeshBuilder` 就使用新的位置，销毁之前的导航网格，然后创建新的。

用这种方式，即使有未知的拓扑结构，也可以用相同类型的 agent 进行导航。而且，因为我们使用了 size 变量（Vector3 类型）来创建范围，所以花的时间更少。

延伸阅读

`NMRealTimeBuilder` 组件可以附加到最佳的 agent 游戏对象上，也可以附加到其他的对象上。这也是为什么我们要实现 `Awake` 函数。

最后，我们可以通过获取目标的方向，让 agent 向 NavMesh 的最远点的方向行走。

4.6　连接多个 NavMesh 实例

我们已经学习了如何构建 NavMesh，但是有些情况下关卡非常复杂，以至于需要把关卡拆成多个部分。有时是因为存在缺陷，有时是因为我们用代码加载了关卡。

准备工作

我们需要至少附加了一个 NavMeshSurface 组件的对象。

操作步骤

我们需要把两个 NavMeshSurface 组件连接起来。

1. 通过编辑器或代码，找到两个要连接的 NavMeshSurface。
2. 将 NavMeshLink 组件添加到我们用的初始对象上。

3. 选择可以使用连接的 agent 类型。

4. 设置 Start Point 和 End Point 值。

5. 对每个要连接的 agent 类型重复前几步。

运行原理

假设有一个 NavMeshSurface 组件是图结构中的一个大节点。通过使用 NavMeshLink 组件，添加两个节点之间的边。值得注意的是 Start Point 和 End Point 的坐标与对象相关，这样一来，它们就可以与父对象一起移动或者旋转。

延伸阅读

在过渡之间可能需要一些特殊的动作，比如动画。假设在架子和地面之间有一个单向的连接，我们要知道什么时候去单击这个连接，然后开始播放动画。

一种实现方式是在 NavMeshAgent 组件中取消 Auto Traverse Off-Mesh Links 的活动状态，播放动画，执行物理操作，然后按照计划继续逻辑。

4.7 创建动态的带有障碍物的 NavMesh

很多时候，我们的关卡会有动态的障碍，我们需要让 agent 避开那些障碍。假设是一个 MMOROG 或者 MOBA 游戏，英雄带的小兵也需要避开障碍才能到达目的地。我们可以实现一个复杂的算法，整合避障导航技术，或者可以利用动态 NavMesh 的强大功能达到相同的目的，而几乎不用改变代码。

本节中，我们将学习如何让一个 NavMesh 变成动态的，并且能够响应移动的障碍，这样 agent 就可以避开障碍，成功到达目的地。

准备工作

需要理解 NavMesh 的基本原理，以及如何构建 NavMesh。

操作步骤

1. 准备好关卡。

2. 创建一个游戏对象，命名为 NavMesh。

3. 将 NavMeshSurface 组件添加到 NavMesh 对象上。

4. 单击 Bake。

5. 选择所有障碍。

6. 将 Nav Mesh Obstacle 组件添加到障碍上。

7. 检查组件中的 Carve 选项。

8. 选择动态障碍。

9. 取消 Carve Only Stationary 选项。

10. 使用组件中的其他选项配置需要的障碍。

运行原理

构建最初的导航网格后，整个系统会考虑场景中所有的障碍，然后切开障碍周围的区域，以便微调并优化可见的导航区域。另外，导航系统会持续跟踪动态障碍的变化（取消 Carve Only Stationary 选项），以便在有需要时重新计算导航区域。

延伸阅读

前面的流程在性能方面绝对不算好，主要用于我们不确定拓扑结构的情况，比如程序化生成关卡。虽然我们在例子中用的是已知的关卡，但是仍然可以依赖预置件和代码来重复前面大部分的步骤，将其应用到程序化生成的关卡中。

另一方面，如果我们能够确定关卡的布局并且想要改进性能，可以在 Nav Mesh Obstacle 组件中取消 Carve 选项，然后使用避障参数（在 Nav Mesh Aget 组件中），直到取得满足需求的结果。

最后，我们可以用一种混合的方式找到性能与体验之间的平衡点，实时地用"足够好"的参数挑选要避开的关键障碍和其他影响导航网格的障碍。

更多参考

关于动态导航网格的更多细节，请参考 Unity 的官方视频：

```
https://unity3d.com/learn/tutorials/topics/navigation/making-
it-dynamic
```

4.8 用 NavMesh API 实现某些行为

在第 1 章中，我们学习了 agent 的不同类型的移动。在本节可以用另一种方式使用 NavMesh API 和 NavMeshAgent 组件实现这些移动。这样我们就能够用更快、更清晰、更 Unity 的方式创建类似的行为原型。

我们将学习如何实现巡逻行为，以便能够能从不同的角度理解如何在基本流程之外快速地实现不同行为的原型。

准备工作

在着手之前，需要掌握 NavMesh，并熟悉如何构建和处理 NavMeshAgent 组件。

操作步骤

我们将创建一个巡逻行为组件，与 **NavMeshAgent** 组件一起使用。

1. 创建一个脚本，命名为 NMPatrol.cs，引用 NavMeshAgent 组件。

```
using UnityEngine;
using UnityEngine.AI;

[RequireComponent(typeof(NavMeshAgent))]
public class NMPatrol : MonoBehaviour
{
  // next steps
}
```

2. 添加所需的成员变量：

```
public float pointDistance = 0.5f;
public Transform[] patrolPoints;
private int currentPoint = 0;
private NavMeshAgent agent;
```

3. 创建函数，用于找到数组中最近的巡逻点：

```
private int FindClosestPoint()
{
  // next step
}
```

4. 添加所需的内部变量：

```
int index = -1;
float distance = Mathf.Infinity;
int i;
Vector3 agentPosition = transform.position;
Vector3 pointPosition;
```

5. 实现用于找到最近点的循环：

```
for (i = 0; i < patrolPoints.Length; i++)
{
  pointPosition = patrolPoints[i].position;
  float d = Vector3.Distance(agentPosition, pointPosition);
  if (d < distance)
  {
    index = i;
    distance = d;
  }
}
return index;
```

6. 实现用于更新 agent 的终点的函数：

```
private void GoToPoint(int next)
{
  if (next < 0 || next >= patrolPoints.Length)
    return;
  agent.destination = patrolPoints[next].position;
}
```

7. 实现 Start 函数，用于初始化：

```
private void Start()
{
  agent = GetComponent<NavMeshAgent>();
  agent.autoBraking = false;
  currentPoint = FindClosestPoint();
  GoToPoint(currentPoint);
}
```

8. 实现 Update 函数：

```
private void Update()
{
  if (!agent.pathPending && agent.remainingDistance <
pointDistance)
    GoToPoint((currentPoint + 1) % patrolPoints.Length);
}
```

运行原理

我们实现了一个需要导航 agent 控制器的巡逻组件。首先，计算离 agent 最近的点位，然后移动到这个位置。接下来，在循环中使用 pointDistance 值让 agent 知道它需要移动的下一个点位。最后，使用模操作获取下一个巡逻点位，而不需要太多验证，只需要保持当前点位的索引值增加即可。

延伸阅读

我们需要考虑巡逻点位在数组中的顺序，以便它们可以按预期运行。另外，可以通过创建一个用于决定下一个巡逻点的函数。这样如果想要根据游戏需求继续优化巡逻行为的话就会很方便：

```
private int CalculateNextPoint()
{
  return (currentPoint + 1) % patrolPoints.Length;
}

private void Update()
{
  if (!agent.pathPending && agent.remainingDistance < pointDistance)
    GoToPoint(CalculateNextPoint());
}
```

协作和战术

本章中，我们将学习用于协作和制定战术的技术：

❑ 管理队形

❑ 扩展 A* 算法用于协作：A* mbush

❑ 用手动选择器添加路径点

❑ 用高度因子分析路径点

❑ 用覆盖性和可见性因子分析路径点

❑ 自动化创建路径点

❑ 列举路径点用于决策制定

❑ 实现势力图

❑ 用淹没图改进势力图

❑ 用卷积滤波器改进势力图

❑ 构建战斗循环

5.1 简介

大家会发现，本章并不聚焦于某一个单独的主题，除了原有主题之外，还借鉴了前面的方法，以创立新的或者改进的技术。

在本章中，我们将学习不同的方法，这些方法把不同的 agent 整合进一个有机体，例如队形，以及基于曲线图（如路径点）和势力图制定战略的技术。这些技术使用了与之前章节不同的元素，尤其是第 2 章中的图的构建和寻路算法。

5.2 管理队形

这是创建群体或军队 agent 的关键算法。设计目标是足够灵活地创建队形。

本节的最后结果是队形中的每个 agent 都有一组目标位置和旋转值。然后你可以决定是否创建算法把 agent 移动到前一个目标位置。

 我们可以使用在第 1 章中学习过的移动算法来定位这些位置。

准备工作

我们要创建 3 个基类，这几个类是上层类和算法要用到的数据类型。Location 类与 Steering 类非常相似，根据队形的锚点和旋转值定义目标点位和旋转值。SlogAssignment 类用于匹配列表的索引和 agent 的数据类型。最后，Character 类是一个保存目标 Location 类的组件。

下面是 Location 类的代码：

```
using UnityEngine;
using System.Collections;

public class Location
{
    public Vector3 position;
    public Quaternion rotation;

    public Location ()
    {
        position = Vector3.zero;
        rotation = Quaternion.identity;
    }

    public Location(Vector3 position, Quaternion rotation)
    {
        this.position = position;
        this.rotation = rotation;
    }
}
```

下面是 SlotAssignment 类的代码：

```
using UnityEngine;
using System.Collections;

public class SlotAssignment
{
    public int slotIndex;
    public GameObject character;

    public SlotAssignment()
    {
```

```
        slotIndex = -1;
        character = null;
    }
}
```

下面是 Character 类的代码：

```
using UnityEngine;
using System.Collections;

public class Character : MonoBehaviour
{
    public Location location;

    public void SetTarget (Location location)
    {
        this.location = location;
    }
}
```

操作步骤

我们要实现两个类：FormationPattern 和 FormationManager：

1. 创建 FormationPattern 伪抽象类：

```
using UnityEngine;
using System.Collections;
using System.Collections.Generic;

public class FormationPattern: MonoBehaviour
{
    public int numOfSlots;
    public GameObject leader;
}
```

2. 实现 Start 函数：

```
void Start()
{
    if (leader == null)
        leader = transform.gameObject;
}
```

3. 定义函数，根据槽的索引获取槽的位置：

```
public virtual Vector3 GetSlotLocation(int slotIndex)
{
    return Vector3.zero;
}
```

4. 定义函数，判断槽的数量是否受队形支持：

```
public bool SupportsSlots(int slotCount)
{
    return slotCount <= numOfSlots;
}
```

5. 如有必要，实现函数，给位置设置一个偏移量：

```
public virtual Location GetDriftOffset(List<SlotAssignment>
slotAssignments)
{
    Location location = new Location();
    location.position = leader.transform.position;
    location.rotation = leader.transform.rotation;
    return location;
}
```

6. 创建管理队形的类：

```
using UnityEngine;
using System.Collections;
using System.Collections.Generic;

public class FormationManager : MonoBehaviour
{
    public FormationPattern pattern;
    private List<SlotAssignment> slotAssignments;
    private Location driftOffset;
}
```

7. 实现 Awake 函数：

```
void Awake()
{
    slotAssignments = new List<SlotAssignment>();
}
```

8. 定义函数，根据列表顺序更新槽分配：

```
public void UpdateSlotAssignments()
{
    for (int i = 0; i < slotAssignments.Count; i++)
    {
        slotAssignments[i].slotIndex = i;
    }
    driftOffset = pattern.GetDriftOffset(slotAssignments);
}
```

9. 实现函数，用于在队形中添加一个角色：

```
public bool AddCharacter(GameObject character)
{
    int occupiedSlots = slotAssignments.Count;
    if (!pattern.SupportsSlots(occupiedSlots + 1))
        return false;
    SlotAssignment sa = new SlotAssignment();
    sa.character = character;
    slotAssignments.Add(sa);
    UpdateSlotAssignments();
    return true;
}
```

10. 实现函数，用于从队形中移除一个角色：

```
public void RemoveCharacter(GameObject agent)
{
    int index = slotAssignments.FindIndex(x =>
x.character.Equals(agent));
    slotAssignments.RemoveAt(index);
    UpdateSlotAssignments();
}
```

11. 实现更新槽的函数：

```
public void UpdateSlots()
{
    GameObject leader = pattern.leader;
    Vector3 anchor = leader.transform.position;
    Vector3 slotPos;
    Quaternion rotation;
    rotation = leader.transform.rotation;
    foreach (SlotAssignment sa in slotAssignments)
    {
        // 这里是下面的步骤
    }
}
```

12. 实现 foreach 循环：

```
Vector3 relPos;
slotPos = pattern.GetSlotLocation(sa.slotIndex);
relPos = anchor;
relPos += leader.transform.TransformDirection(slotPos);
Location charDrift = new Location(relPos, rotation);
Character character = sa.character.GetComponent<Character>();
character.SetTarget(charDrift);
```

运行原理

　　FormationPattern 类包含给定的槽的相对位置。例如，根据槽的数量以及它在 360 度中的位置，CircleFormation 子类实现了 GetSlotLocation 类。FormationPattern 是一个基类，因此由管理器添加一个层用于权限和整理队形。通过这种方式，设计者可以专注于由基类派生的简单队形脚本。

　　如前所述，FormationManager 类管理上层的层级并根据队列的需求和权限把位置排列整齐。计算过程基于队长的位置和旋转值，位置和旋转值则根据模式的原理做转换。

延伸阅读

　　值得一提的是 FormationManager 和 FormationPattern 类是同一个对象的组件。当管理器中的 leader 字段被设置成 null 时，leader 自己就是这个对象本身了。所以，可以用另一个 leader 对象，让检视窗口和类模块清晰明了。

其他参考

　　本方法背后的理论信息，可进一步参考：

❑ 第 1 章
❑ Ian Millington 的著作 *Artificial Intelligence for Games*

5.3 扩展 A* 算法用于协作：A* mbush

学习了如何实现用于寻路的 A* 算法后，现在我们利用它的强大性和灵活性来开发一些协作行为，以埋伏玩家。这个算法在我们想用低成本的方案解决前面提到的问题时特别有用，而且还容易实现。

本节要为每个 agent 设置路径，用于在图结构中埋伏顶点或点位。

准备工作

我们要为 agent 实现一个专门的组件，命名为 Lurker，这个类会保存后面的导航过程中要用到的路径。

下面是 Lurker 类的代码：

```
using UnityEngine;
using System.Collections;
using System.Collections.Generic;

public class Lurker : MonoBehaviour
{
    [HideInInspector]
    public List<int> pathIds;
    [HideInInspector]
    public List<GameObject> pathObjs;

    void Awake()
    {
        if (pathIds == null)
            pathIds = new List<int>();
        if (pathObjs == null)
            pathObjs = new List<GameObject>();
    }
}
```

操作步骤

我们要创建主函数，用于给所有的 agent 设置埋伏路径，然后创建用于设置每个 agent 的路径的函数。

1. 定义用于埋伏的主函数：

```
public void SetPathAmbush(GameObject dstObj, List<Lurker> lurkers)
{
    Vertex dst = GetNearestVertex(dstObj.transform.position);
    foreach (Lurker l in lurkers)
    {
```

```
        Vertex src = GetNearestVertex(l.transform.position);
        l.path = AStarMbush(src, dst, l, lurkers);
    }
}
```

2. 声明用于查找每条路径的函数:

```
public List<Vertex> AStarMbush(
        Vertex src,
        Vertex dst,
        Lurker agent,
        List<Lurker> lurkers,
        Heuristic h = null)
{    // next steps
}
```

3. 声明必要的成员,用于处理计算的额外开销:

```
int graphSize = vertices.Count;
float[] extra = new float[graphSize];
float[] costs = new float[graphSize];
int i;
```

4. 初始化变量,用于存储常规开销以及额外开销:

```
for (i = 0; i < graphSize; i++)
{
    extra[i] = 1f;
    costs[i] = Mathf.Infinity;
}
```

5. 向另一个 agent 的路径所包含的每个顶点中添加额外开销:

```
foreach (Lurker l in lurkers)
{
    foreach (Vertex v in l.path)
    {
        extra[v.id] += 1f;
    }
}
```

6. 声明并初始化用于计算 A* 算法结果的变量:

```
Edge[] successors;
int[] previous = new int[graphSize];
for (i = 0; i < graphSize; i++)
    previous[i] = -1;
previous[src.id] = src.id;
float cost = 0;
Edge node = new Edge(src, 0);
GPWiki.BinaryHeap<Edge> frontier = new GPWiki.BinaryHeap<Edge>();
```

7. 开始实现 A* 算法的主循环:

```
frontier.Add(node);
while (frontier.Count != 0)
{
    if (frontier.Count == 0)
```

```
        return new List<GameObject>();
    // 下面的步骤
}
return new List<Vertex>();
```

8. 验证是否已经到达目标，否则不值得计算开销，而且最好不要再用常见的 A* 算法：

```
node = frontier.Remove();
if (ReferenceEquals(node.vertex, dst))
    return BuildPath(src.id, node.vertex.id, ref previous);
int nodeId = node.vertex.id;
if (node.cost > costs[nodeId])
    continue;
```

9. 遍历邻接边并检测是否已经访问过：

```
successors = GetEdges(node.vertex);
foreach (Edge e in successors)
{
    int eId = e.vertex.id;
    if (previous[eId] != -1)
        continue;
    // 下面的步骤
}
```

10. 如果已经访问过，则添加到 frontier 中：

```
cost = e.cost;
cost += costs[dst.id];
cost += h(e.vertex, dst);
if (cost < costs[e.vertex.id])
{
    Edge child;
    child = new Edge(e.vertex, cost);
    costs[eId] = cost;
    previous[eId] = nodeId;
    frontier.Remove(e);
    frontier.Add(child);
}
```

运行原理

A* mbush 算法分析每个 agent 的路径然后增加节点的开销，这样一来，当 agent 使用 A* 计算其路径时，最好选择一个与其他 agent 不同的路径，那样就可以在目标点位中创建埋伏点了。

延伸阅读

这里可以对算法进行改进，可以让 P-A*mbush 多样化。只要对埋伏者的列表按照从近到远进行排序，就可以提供更好的结果，在计算过程中几乎没有额外的开销。这是因为排序操作只进行一次，用优先队列很容易实现，然后把它作为一个列表放进主要的 A* mbush 算法，而不需要额外更改。

5.4　用高度分析路径点

本节我们根据路径点的位置来评估它。从策略上讲，更低的位置处于劣势。在这个例子中，我们要用一个灵活的算法，根据路径点附近的高度计算路径点的质量。

准备工作

本节十分简单，所以读者不需要了解额外的知识。本算法能够足够灵活地接收一个位置点的列表，这些位置点由路径点的邻接点或直接由路径点的完全图给出。关于附近高度的启发式算法留给我们去研究，它提供了游戏的特定设计。

操作步骤

我们要实现一个函数，根据其高度和附近点位评估一个位置点：

1. 声明用于计算质量值的函数：

```
public static float GetHeightQuality (Vector3 location, Vector3[]
surroundings)
{
    // 下面的步骤
}
```

2. 初始化用于处理计算过程的变量：

```
float maxQuality = 1f;
float minQuality = -1f;
float minHeight = Mathf.Infinity;
float maxHeight = Mathf.NegativeInfinity;
float height = location.y;
```

3. 遍历附近的点位，找出最大高度和最小高度：

```
foreach (Vector3 s in surroundings)
{
    if (s.y > maxHeight)
        maxHeight = s.y;
    if (s.y < minHeight)
        minHeight = s.y;
}
```

4. 计算给定范围内的质量：

```
float quality = (height-minHeight) / (maxHeight - minHeight);
quality *= (maxQuality - minQuality);
quality += minQuality;
return quality;
```

运行原理

我们遍历附近点位的列表，目的是找到最大宽度和最小宽度，然后计算 -1 到 1 范围内的位置值。也可以通过改变此范围以满足游戏的设计，或在公式中颠倒高度的重要性。

5.5 用覆盖性和可见性分析路径点

当涉及军事游戏，尤其是 FPS 游戏时，我们需要定义一个路径点值，作为一个具有最大可见性的最佳掩护点，用于射击或观察其他敌人。本节可帮助我们根据这些参数计算一个路径点的值。

准备工作

我们需要创建一个函数来检测一个位置点与其他点位是否在同一空间内：

```
public bool IsInSameRoom(Vector3 from, Vector3 location, string tagWall =
"Wall")
{
    RaycastHit[] hits;
    Vector3 direction = location - from;
    float rayLength = direction.magnitude;
    direction.Normalize();
    Ray ray = new Ray(from, direction);
    hits = Physics.RaycastAll(ray, rayLength);
    foreach (RaycastHit h in hits)
    {
        string tagObj = h.collider.gameObject.tag;
        if (tagObj.Equals(tagWall))
            return false;
    }
    return true;
}
```

操作步骤

我们要创建计算路径点的质量的函数：

1. 定义函数及其参数：

```
public static float GetCoverQuality(
        Vector3 location,
        int iterations,
        Vector3 characterSize,
        float radius,
        float randomRadius,
        float deltaAngle)
{
    // 下面的步骤
}
```

2. 初始化变量，用于保存旋转度、可能受到的撞击，以及有效的可见性：

```
float theta = 0f;
int hits = 0;
int valid = 0;
```

3. 开始主循环，用于迭代计算这个路径点并返回计算出的值：

```
for (int i = 0; i < iterations; i++)
{
    // 下面的步骤
}
return (float)(hits / valid);
```

4. 创建路径点原点附近的一个随机位置，查看这个路径点是否容易到达：

```
Vector3 from = location;
float randomBinomial = Random.Range(-1f, 1f);
from.x += radius * Mathf.Cos(theta) + randomBinomial *
randomRadius;
from.y += Random.value * 2f * randomRadius;
from.z += radius * Mathf.Sin(theta) + randomBinomial *
randomRadius;
```

5. 检测随机位置是否在同一个空间内：

```
if (!IsInSameRoom(from, location))
    continue;
valid++;
```

6. 计算路径点附近的位置点，得到模板角色的大小：

```
Vector3 to = location;
to.x += Random.Range(-1f, 1f) * characterSize.x;
to.y += Random.value * characterSize.y;
to.z += Random.Range(-1f, 1f) * characterSize.z;
```

7. 对可见性的值发射一条射线，检测这样的角色是否可见：

```
Vector3 direction = to - location;
float distance = direction.magnitude;
direction.Normalize();
Ray ray = new Ray(location, direction);
if (Physics.Raycast(ray, distance))
    hits++;
theta = Mathf.Deg2Rad * deltaAngle;
```

运行原理

我们创建了一些迭代逻辑，然后开始在路径点周围放置随机数，以检验是否可到达和可命中。之后，我们计算出一个系数以确定质量值。

5.6　自动化创建路径点

多数时候，路径点需要在游戏设计器中手动指定，但如果关卡是动态生成的呢？我们就需要一个自动化的方案了。

本节中，我们将学习一个叫作凝结（condensation）的技术帮助我们处理这个问题，让路径点根据赋给它们的值与其他路径点竞争,这意味着相关性高的路径点会胜出。

准备工作

我们要处理静态成员函数,要理解静态函数的意义和用法。

操作步骤

我们要创建 Waypoint 类,并添加用于凝结路径点集合的方法:

1. 创建 Waypoint 类,该类继承于 MonoBehaviour 类和 IComparer 接口:

```
using UnityEngine;
using System.Collections;
using System.Collections.Generic;

public class Waypoint : MonoBehaviour, IComparer
{
  public float value;
  public List<Waypoint> neighbours;
}
```

2. 实现接口中的 Compare 函数:

```
public int Compare(object a, object b)
{
  Waypoint wa = (Waypoint)a;
  Waypoint wb = (Waypoint)b;
  if (wa.value == wb.value)
    return 0;
  if (wa.value < wb.value)
    return -1;
  return 1;
}
```

3. 实现 static 函数,用于检测 agent 是否能够从一个路径点到达另一个:

```
public static bool CanMove(Waypoint a, Waypoint b)
{
  // implement your own behaviour for
  // deciding whether an agent can move
  // easily between two waypoints
  return true;
}
```

4. 定义函数,用于凝结路径点:

```
public static void CondenseWaypoints(List<Waypoint> waypoints,
float distanceWeight)
{
  // next steps
}
```

5. 初始化变量,对路径点进行逆向排序:

```
distanceWeight *= distanceWeight;
```

```
waypoints.Sort();
waypoints.Reverse();
List<Waypoint> neighbours;
```

6. 开始循环，用于处理每个路径点：

```
foreach (Waypoint current in waypoints)
{
  // next steps
}
```

7. 获取路径点的邻接点，排序，开始循环，让它们之间竞争：

```
neighbours = new List<Waypoint>(current.neighbours);
neighbours.Sort();
foreach (Waypoint target in neighbours)
{
  if (target.value > current.value)
    break;
  if (!CanMove(current, target))
    continue;
  // next steps
}
```

8. 计算目标位置：

```
Vector3 deltaPos = current.transform.position;
deltaPos -= target.transform.position;
deltaPos = Vector3.Cross(deltaPos, deltaPos);
deltaPos *= distanceWeight;
```

9. 计算目标的整体值，决定是否值得保留：

```
float deltaVal = current.value - target.value;
deltaVal *= deltaVal;
if (deltaVal < distanceWeight)
{
  neighbours.Remove(target);
  waypoints.Remove(target);
}
```

运行原理

我们将 Waypoint 组件分配给图中的每个节点，或者说每个值得作为路径点的节点（因为凝结算法提升了性能）。

路径点根据相关性排序（比如狙击高度或有利位置），然后通过凝结检查哪个邻接点是不需要的。自然地，价值少的凝节点留在了最后的计算结果中。

延伸阅读

在目前的实现中，价值成员变量过于简化，我们可以用几个模糊值决定每个路径点的相关性。

在这种情况中，最好用一个整体值综合所有计算，或者用更好的启发式决定 Compare 函数的实现中某个路径点与其他路径点的相关性，这样排序算法就会以我们期待的方式运行。

更多参考

关于如何评估路径点的更多信息，请参考下面的内容：

- ❑ 见 5.3 节
- ❑ 见 5.4 节

5.7 将路径点作为示例用于决策制定

就像我们第 3 章学习的决策制定技术，有时候只评估一个路径点的值还不够灵活，解决不了更复杂的情况。解决方案是把之前学习的技术应用到路径点上解决问题。

关键思路是给节点添加条件，这样就可以评估节点了。例如，使用决策树开发更复杂的启发式算法来计算路径点的值。

准备工作

在深入下面的方法之前，回顾第 3 章中实现状态机的方法。

操作步骤

我们要对 Waypoint 类稍微做一点调整：

1. 向 Waypoint 类中添加成员变量：

```
public Condition condition;
```

2. 指定要用的条件类，比如 ConditionFloat 类：

```
condition = new ConditionFloat();
```

运行原理

我们之前学习过的伪抽象类 Condition 有一个成员函数 Test，可以用于计算是否满足条件。

其他参考

对于决策制定和条件的更多信息，请参考第 3 章。

5.8　实现势力图

另一种使用图的方式是表示一个 agent 的势力或范围有多大，或者说，一个单位占领世界中多大的一块地盘。在这里，势力表示的是一个 agent 或相同阵营的一组 agent 占领的地图的所有区域。

这是创建优秀的 AI 决策机制的一个关键元素，势力图基于实时模拟游戏中的军事存在，或那种特别需要了解一组 agent 占领了多少领土的游戏中的军事存在，每个势力表示一个阵营。

准备工作

本节需要图结构的开发经验，所以本节的方法基于这个通用的 Graph 类。这意味着我们需要使用一个特定的图定义（不管你喜欢哪一个），或定义自己的方法来处理顶点和邻接点的检索逻辑，就像我们在第 2 章中学习的那样。

我们将学习如何实现用于本节的特定算法，基于 Graph 类的通用函数与 Vertex 类。

最后，我们需要一个基础 Unity 组件用于 agent 和 Faction enum。

下面的代码用于 Faction enum 和 Unit 类，它们可以写在同一个文件 Unit.cs 中：

```
using UnityEngine;
using System.Collections;

public enum Faction
{
    // example values
    BLUE, RED
}

public class Unit : MonoBehaviour
{
    public Faction faction;
    public int radius = 1;
    public float influence = 1f;

    public virtual float GetDropOff(int locationDistance)
    {
        return influence;
    }
}
```

操作步骤

我们要构建 VertexInfluence 和 InfluenceMap 类，分别用于处理顶点和图：

1. 创建 Vertex 派生的 VertexInfluence 类：

```
using UnityEngine;
using System.Collections;
```

```
using System.Collections.Generic;

public class VertexInfluence : Vertex
{
    public Faction faction;
    public float value = 0f;
}
```

2. 实现函数，用于初始化值（如果成功就返回 true，否则返回 false）:

```
public bool SetValue(Faction f, float v)
{
    bool isUpdated = false;
    if (v > value)
    {
        value = v;
        faction = f;
        isUpdated = true;
    }
    return isUpdated;
}
```

3. 创建 InfluenceMap 类，该类继承自 Graph 类（或者其他更具体的类）:

```
using UnityEngine;
using System.Collections.Generic;

public class InfluenceMap : Graph
{
    public List<Unit> unitList;
    // 作用于常规图中的顶点
    GameObject[] locations;
}
```

4. 定义 Awake 函数，用于初始化：

```
void Awake()
{
    if (unitList == null)
        unitList = new List<Unit>();
}
```

5. 实现函数，用于向地图上添加一个单位：

```
public void AddUnit(Unit u)
{
    if (unitList.Contains(u))
        return;
    unitList.Add(u);
}
```

6. 实现函数，用于从地图中移除一个单位：

```
public void RemoveUnit(Unit u)
{
    unitList.Remove(u);
}
```

7. 开始构建用于计算势力的函数：

```
public void ComputeInfluenceSimple()
{
    VertexInfluence v;
    float dropOff;
    List<Vertex> pending = new List<Vertex>();
    List<Vertex> visited = new List<Vertex>();
    List<Vertex> frontier;
    Vertex[] neighbours;

    // 下面的步骤
}
```

8. 创建循环，用于遍历单位列表：

```
foreach(Unit u in unitList)
{
    Vector3 uPos = u.transform.position;
    Vertex vert = GetNearestVertex(uPos);
    pending.Add(vert);
    // 下面的步骤
}
```

9. 编写基于 BFS 的代码，用于根据半径到达的范围摊开势力：

```
// BFS用于指定势力
for (int i = 1; i <= u.radius; i++)
{
    frontier = new List<Vertex>();
    foreach (Vertex p in pending)
    {
        if (visited.Contains(p))
            continue;
        visited.Add(p);
        v = p as VertexInfluence;
        dropOff = u.GetDropOff(i);
        v.SetValue(u.faction, dropOff);
        neighbours = GetNeighbours(vert);
        frontier.AddRange(neighbours);
    }
    pending = new List<Vertex>(frontier);
}
```

运行原理

势力映射图与一般图的原理相同，因为只有两个额外的参数用于在图上映射势力，所以与基于势力的顶点相同。最关键的部分依赖于势力的计算，而这部分基于 BFS 算法。

对于地图上的每个单位，根据半径摊开其势力。当计算出的势力大于顶点原来的阵营时，顶点的阵营就改变了。

延伸阅读

根据特定的游戏需求，drop-off 函数应该可以优化。可以用下面的示例代码定义一个更

智能的函数,使用 `locationDistance` 参数:

```
public virtual float GetDropOff(int locationDistance)
{
    float d = influence / radius * locationDistance;
    return influence - d;
}
```

请注意 `locationDistance` 参数是一个整数,表示顶点间的距离。

最后,我们可以避免使用阵营,取而代之使用单位自身的引用。这样就可以基于单个单位映射势力,但是我们认为大多数情况下以阵营或团队更合理。

其他参考

❑ 见第 2 章

5.9 用淹没图改进势力图

前面的势力计算,在处理简单的那种把单个单位作为一个阵营的势力时没有问题。然而,这样可能导致地图上有空洞,而不是铺满整个地图。有一个解决这个问题的技术叫作淹没(flooding),基于迪杰斯特拉算法。

准备工作

在本节中,我们要把两个概念放进一个类(Guild)中。首先,标记一个顶点,表示被某个势力占领;其次,unit 的 drop-off 函数。类 Guild 要附加给每个阵营的游戏对象:

```
using UnityEngine;
using System;
using System.Collections;

public class Guild : MonoBehaviour
{
    public string guildName;
    public int maxStrength;
    public GameObject baseObject;
    [HideInInspector]
    public int strenghth

    public virtual void Awake()
    {
        strength = maxStrength;
    }
}
```

还需要一个计算势力范围的函数,但是这次我们要创建一个使用欧几里得距离的示例:

```
public virtual float GetDropOff(float distance)
{
    float d = Mathf.Pow(1 + distance, 2f);
```

```
        return strenght / d;
    }
```

最后，需要一个 GuildRecord 的数据类型，用于在迪杰斯特拉算法中表示一个节点：

1. 创建 GuildRecord 结构体，该结构体继承自 IComparable 接口：

```
using UnityEngine;
using System.Collections;
using System;

public struct GuildRecord : IComparable<GuildRecord>
{
    public Vertex location;
    public float strength;
    public Guild guild;
}
```

2. 实现 Equal 函数：

```
public override bool Equals(object obj)
{
    GuildRecord other = (GuildRecord)obj;
    return location == other.location;
}

public bool Equals(GuildRecord o)
{
    return location == o.location;
}
```

3. 实现所需的 IComparable 函数：

```
public override int GetHashCode()
{
    return base.GetHashCode();
}

public int CompareTo(GuildRecord other)
{
    if (location == other.location)
        return 0;
    // 这里的减法是反向的，用于
    // 实现一个递减的二叉堆
    return (int)(other.strength - strength);
}
```

操作步骤

现在，只需要修改一些文件并添加几个函数：

1. 把 Guild 成员放进 VertexInfluence 类中：

```
public Guild guild;
```

2. 把新的成员放进 InfluenceMap 类中：

```
public float dropOffThreshold;
private  Guild[] guildList;
```

3. 另外，在 InfluenceMap 类中，在 Awake 函数中添加下面的代码：

```
guildList = gameObject.GetComponents<Guild>();
```

4. 创建淹没图函数：

```
public List<GuildRecord> ComputeMapFlooding()
{
}
```

5. 声明最关键的变量：

```
GPWiki.BinaryHeap<GuildRecord> open;
open = new GPWiki.BinaryHeap<GuildRecord>();
List<GuildRecord> closed;
closed = new List<GuildRecord>();
```

6. 为优先队列中每个阵营（guild）添加初始节点：

```
foreach (Guild g in guildList)
{
    GuildRecord gr = new GuildRecord();
    gr.location = GetNearestVertex(g.baseObject);
    gr.guild = g;
    gr.strength = g.GetDropOff(0f);
    open.Add(gr);
}
```

7. 创建迪杰斯特拉算法的主要迭代逻辑并返回结果：

```
while (open.Count != 0)
{
    // 下面步骤的代码放在这里
}
return closed;
```

8. 从队列中取出第一个节点，并获取其邻接节点：

```
GuildRecord current;
current = open.Remove();
GameObject currObj;
currObj = GetVertexObj(current.location);
Vector3 currPos;
currPos = currObj.transform.position;
List<int> neighbours;
neighbours = GetNeighbors(current.location);
```

9. 创建用于计算每个邻接节点的循环，并把当前节点放进最近的列表中：

```
foreach (int n in neighbours)
{
    // 下面步骤放在这里
}
closed.Add(current);
```

10. 从当前顶点计算势力值, 并检测是否值得改变阵营:

```
GameObject nObj = GetVertexObj(n);
Vector3 nPos = nObj.transform.position;
float dist = Vector3.Distance(currPos, nPos);
float strength = current.guild.GetDropOff(dist);
if (strength < dropOffThreshold)
    continue;
```

11. 用当前顶点的数据创建一个辅助的 GuildRecord 节点:

```
GuildRecord neighGR = new GuildRecord();
neighGR.location = n;
neighGR.strength = strength;
VertexInfluence vi;
vi = nObj.GetComponent<VertexInfluence>();
neighGR.guild = vi.guild;
```

12. 当不能赋新值时, 检查最近的阵营列表并验证名称:

```
if (closed.Contains(neighGR))
{
    int location = neighGR.location;
    int index = closed.FindIndex(x => x.location == location);
    GuildRecord gr = closed[index];
    if (gr.guild.name != current.guild.name
            && gr.strength < strength)
        continue;
}
```

13. 同理, 检查优先队列:

```
else if (open.Contains(neighGR))
{
    bool mustContinue = false;
    foreach (GuildRecord gr in open)
    {
        if (gr.Equals(neighGR))
        {
            mustContinue = true;
            break;
        }
    }
    if (mustContinue)
        continue;
}
```

14. 当其他都失败时, 创建一个新的 GuildRecord, 把它添加到优先队列:

```
else
{
    neighGR = new GuildRecord();
    neighGR.location = n;
}
neighGR.guild = current.guild;
neighGR.strength = strength;
```

15. 如有必要, 把 GuildRecord 添加到优先队列:

```
open.Add(neighGR);
```

运行原理

算法从阵营的位置点开始遍历整个图。根据我们之前的反向减法运算，永远从优先队列中最强的节点开始遍历，直到它接近一个小于 dropOffThreshold 的值才计算结果。如果顶点的值大于当前兵力，或如果分配的阵营是相同的，算法还要想办法在不满足条件时避免分配新的阵营。

其他参考

❑ 见 5.7 节
❑ 见 2.6 节

5.10   用卷积滤波器改进势力图

卷积滤波器通常运用于图片处理软件，但我们可以使用同样的原理，根据一个单位与其附近单位的值改变网格的势力。在本节中，我们将探索使用矩阵滤波器的算法改变网格的势力。

准备工作

在实现本节的方法之前，要掌握势力图的概念，这样就能够理解它的应用场景了。

操作步骤

实现 Convolve 函数：

1. 声明 Convolve 函数：

```
public static void Convolve(
        float[,] matrix,
        ref float[,] source,
        ref float[,] destination)
{
    // 下面步骤中的代码
}
```

2. 初始化变量，用于处理计算和遍历数组：

```
int matrixLength = matrix.GetLength(0);
int size = (int)(matrixLength - 1) / 2;
int height = source.GetLength(0);
int width = source.GetLength(1);
int I, j, k, m;
```

3. 创建第一个循环，用于遍历目标网格和源网格：

```
for (i = 0; i < width-- size; i++)
{
    for (j = 0; j < height-- size; j++)
    {
        // 下面步骤中的代码
    }
}
```

4. 实现第二个循环，用于遍历滤波器矩阵：

```
destination[i, j] = 0f;
for (k = 0; k < matrixLength; k++)
{
    for (m = 0; m < matrixLength; m++)
    {
        int row = i + k-- size;
        int col = j + m-- size;
        float aux = source[row, col] * matrix[k,m];
        destination[i, j] += aux;
    }
}
```

运行原理

在每个位置上应用矩阵滤波器之后，创建新的网格与原始网格进行交换。然后，遍历创建的每个位置点（这些位置点作为目标网格），然后计算这些位置的值，取原始网格的值并对这个值应用矩阵滤波器。

要特别注意矩阵滤波器必须是一个奇数平方的数组，才能让算法可以得到我们期待的结果。

延伸阅读

下面的 ConvolveDriver 函数调用之前实现的 Convolve 函数帮助我们遍历：

1. 声明 ConvolveDriver 函数：

```
public static void ConvolveDriver(
        float[,] matrix,
        ref float[,] source,
        ref float[,] destination,
        int iterations)
{
    // 下面步骤中的代码
}
```

2. 创建用于保存网格的辅助变量：

```
float[,] map1;
float[,] map2;
int i;
```

3. 交换地图变量，不用考虑迭代次数是奇数还是偶数：

```
if (iterations % 2 == 0)
{
    map1 = source;
    map2 = destination;
}
else
{
    destination = source;
    map1 = destination;
    map2 = source;
}
```

4. 在迭代和交换的过程中应用之前的 Convolve 函数：

```
for (i = 0; i < iterations; i++)
{
    Convolve(matrix, ref source, ref destination);
    float[,] aux = map1;
    map1 = map2;
    map2 = aux;
}
```

其他参考

❑ 见 4.7 节

5.11 构建战斗循环

本节基于为游戏阿玛拉王国：惩罚（Kingdoms of Amalur：Reckoning）设计的功夫循环算法（Kung-Fu Circle），其目的是提供一种智能的方式让敌人接近一个给定的玩家并攻击玩家。与队形方法非常相似，但是这里使用一个舞台管理器，这个管理器基于敌人的权重和攻击权重管理攻击方式与攻击权限。舞台管理器的实现让管理器可以管理一组战斗循环，主要针对多玩家游戏。

准备工作

在实现战斗循环算法之前，还要创建一些用于配合这个算法的组件。首先，Attack 类是一个抽象类，用于为每个敌人创建通用目的的攻击，它还作为一个模板，用于游戏中的自定义攻击。再者，还需要 Enemy 类，它用于保存敌人的逻辑和请求。我们会发现，Enemy 类在游戏对象中保存一组不同的攻击组件。

Attack 类的代码如下：

```
using UnityEngine;
using System.Collections;

public class Attack : MonoBehaviour
{
```

```
    public int weight;

    public virtual IEnumerator Execute()
    {
        // 攻击行为的代码放在这里
        yield break;
    }
}
```

构建 Enemy 组件的步骤如下：

1. 创建 Enemy 类：

```
using UnityEngine;
using System.Collections;

public class Enemy : MonoBehaviour
{
    public StageManager stageManager;
    public int slotWeight;
    [HideInInspector]
    public int circleId = -1;
    [HideInInspector]
    public bool isAssigned;
    [HideInInspector]
    public bool isAttacking;
    [HideInInspector]
    public Attack[] attackList;
}
```

2. 实现 Start 函数：

```
void Start()
{
    attackList = gameObject.GetComponents<Attack>();
}
```

3. 实现函数，用于分配目标战斗循环：

```
public void SetCircle(GameObject circleObj = null)
{
    int id = -1;
    if (circleObj == null)
    {
        Vector3 position = transform.position;
        id = stageManager.GetClosestCircle(position);
    }
    else
    {
        FightingCircle fc;
        fc = circleObj.GetComponent<FightingCircle>();
        if (fc != null)
            id = fc.gameObject.GetInstanceID();
    }
    circleId = id;
}
```

4. 定义函数，用于从管理器请求一个槽：

```
public bool RequestSlot()
{
    isAssigned = stageManager.GrantSlot(circleId, this);
    return isAssigned;
}
```

5. 定义函数，用于从管理器中释放一个槽：

```
public void ReleaseSlot()
{
    stageManager.ReleaseSlot(circleId, this);
    isAssigned = false;
    circleId = -1;
}
```

6. 实现函数，用于从列表中（顺序与检视窗口中相同）请求一次攻击：

```
public bool RequestAttack(int id)
{
    return stageManager.GrantAttack(circleId, attackList[id]);
}
```

7. 定义用于攻击行为的虚函数：

```
public virtual IEnumerator Attack()
{
    // TODO
    // 攻击行为的代码放在这里
    yield break;
}
```

操作步骤

现在实现 FightingCircle 和 StageManager 类：

1. 创建 FightingCircle 类及其成员变量：

```
using UnityEngine;
using System.Collections;
using System.Collections.Generic;

public class FightingCircle : MonoBehaviour
{
    public int slotCapacity;
    public int attackCapacity;
    public float attackRadius;
    public GameObject player;
    [HideInInspector]
    public int slotsAvailable;
    [HideInInspector]
    public int attackAvailable;
    [HideInInspector]
    public List<GameObject> enemyList;
    [HideInInspector]
    public Dictionary<int, Vector3> posDict;
}
```

2. 实现用于初始化的 Awake 函数：

```
void Awake()
{
    slotsAvailable = slotCapacity;
    attackAvailable = attackCapacity;
    enemyList = new List<GameObject>();
    posDict = new Dictionary<int, Vector3>();
    if (player == null)
        player = gameObject;
}
```

3. 定义 Update 函数，让槽的位置可以被更新：

```
void Update()
{
    if (enemyList.Count == 0)
        return;
    Vector3 anchor = player.transform.position;
    int i;
    for (i = 0; i < enemyList.Count; i++)
    {
        Vector3 position = anchor;
        Vector3 slotPos = GetSlotLocation(i);
        int enemyId = enemyList[i].GetInstanceID();
        position += player.transform.TransformDirection(slotPos);
        posDict[enemyId] = position;
    }
}
```

4. 实现函数，用于把敌人添加到战斗循环中：

```
public bool AddEnemy(GameObject enemyObj)
{
    Enemy enemy = enemyObj.GetComponent<Enemy>();
    int enemyId = enemyObj.GetInstanceID();
    if (slotsAvailable < enemy.slotWeight)
        return false;
    enemyList.Add(enemyObj);
    posDict.Add(enemyId, Vector3.zero);
    slotsAvailable -= enemy.slotWeight;
    return true;
}
```

5. 实现函数，用于从战斗循环中移除敌人：

```
public bool RemoveEnemy(GameObject enemyObj)
{
    bool isRemoved = enemyList.Remove(enemyObj);
    if (isRemoved)
    {
        int enemyId = enemyObj.GetInstanceID();
        posDict.Remove(enemyId);
        Enemy enemy = enemyObj.GetComponent<Enemy>();
        slotsAvailable += enemy.slotWeight;
    }
    return isRemoved;
}
```

6. 实现函数，用于在战斗循环中交换敌人的位置：

```
public void SwapEnemies(GameObject enemyObjA, GameObject enemyObjB)
{
    int indexA = enemyList.IndexOf(enemyObjA);
    int indexB = enemyList.IndexOf(enemyObjB);
    if (indexA != -1 && indexB != -1)
    {
        enemyList[indexB] = enemyObjA;
        enemyList[indexA] = enemyObjB;
    }
}
```

7. 定义函数，用于根据战斗循环获取敌人的空间位置：

```
public Vector3? GetPositions(GameObject enemyObj)
{
    int enemyId = enemyObj.GetInstanceID();
    if (!posDict.ContainsKey(enemyId))
        return null;
    return posDict[enemyId];
}
```

8. 实现函数，用于计算槽的空间位置：

```
private Vector3 GetSlotLocation(int slot)
{
    Vector3 location = new Vector3();
    float degrees = 360f / enemyList.Count;
    degrees *= (float)slot;
    location.x = Mathf.Cos(Mathf.Deg2Rad * degrees);
    location.x *= attackRadius;
    location.z = Mathf.Cos(Mathf.Deg2Rad * degrees);
    location.z *= attackRadius;
    return location;
}
```

9. 实现函数，用于虚拟地向战斗循环中添加攻击：

```
public bool AddAttack(int weight)
{
    if (attackAvailable - weight < 0)
        return false;
    attackAvailable -= weight;
    return true;
}
```

10. 定义函数，用于虚拟地从战斗循环中释放攻击：

```
public void ResetAttack()
{
    attackAvailable = attackCapacity;
}
```

11. 创建 StageManager 类：

```
using UnityEngine;
using System.Collections;
```

```
using System.Collections.Generic;

public class StageManager : MonoBehaviour
{
    public List<FightingCircle> circleList;
    private Dictionary<int, FightingCircle> circleDic;
    private Dictionary<int, List<Attack>> attackRqsts;
}
```

12. 实现用于初始化的 Awake 函数：

```
void Awake()
{
    circleList = new List<FightingCircle>();
    circleDic = new Dictionary<int, FightingCircle>();
    attackRqsts = new Dictionary<int, List<Attack>>();
    foreach(FightingCircle fc in circleList)
    {
        AddCircle(fc);
    }
}
```

13. 创建函数，用于把战斗循环添加到管理器中：

```
public void AddCircle(FightingCircle circle)
{
    if (!circleList.Contains(circle))
        return;
    circleList.Add(circle);
    int objId = circle.gameObject.GetInstanceID();
    circleDic.Add(objId, circle);
    attackRqsts.Add(objId, new List<Attack>());
}
```

14. 另外，创建用于从管理器中移除战斗循环的函数：

```
public void RemoveCircle(FightingCircle circle)
{
    bool isRemoved = circleList.Remove(circle);
    if (!isRemoved)
        return;
    int objId = circle.gameObject.GetInstanceID();
    circleDic.Remove(objId);
    attackRqsts[objId].Clear();
    attackRqsts.Remove(objId);
}
```

15. 定义函数，用于根据一个给定位置获取最近的战斗循环：

```
public int GetClosestCircle(Vector3 position)
{
    FightingCircle circle = null;
    float minDist = Mathf.Infinity;
    foreach(FightingCircle c in circleList)
    {
        Vector3 circlePos = c.transform.position;
        float dist = Vector3.Distance(position, circlePos);
```

```
        if (dist < minDist)
        {
            minDist = dist;
            circle = c;
        }
    }
    return circle.gameObject.GetInstanceID();
}
```

16. 定义函数，用于在战斗循环中给敌人分配一个槽：

```
public bool GrantSlot(int circleId, Enemy enemy)
{
    return circleDic[circleId].AddEnemy(enemy.gameObject);
}
```

17. 实现函数，用于从一个战斗循环 ID 中释放一个敌人：

```
public void ReleaseSlot(int circleId, Enemy enemy)
{
    circleDic[circleId].RemoveEnemy(enemy.gameObject);
}
```

18. 定义函数，用于分配攻击权限并把它们添加到管理器中：

```
public bool GrantAttack(int circleId, Attack attack)
{
    bool answer = circleDic[circleId].AddAttack(attack.weight);
    attackRqsts[circleId].Add(attack);
    return answer;
}
```

19. 实现函数，用于执行所有队列中的攻击：

```
public IEnumerator ExecuteAtacks()
{
    foreach (int circle in attackRqsts.Keys)
    {
        List<Attack> attacks = attackRqsts[circle];
        foreach (Attack a in attacks)
            yield return a.Execute();
    }
    foreach (FightingCircle fc in circleList)
        fc.ResetAttack();
}
```

运行原理

在必要时，`Attack` 类与 `Enemy` 类可以控制行为，所以 `Enemy` 类可以从游戏对象中的另一个组件中被调用。`FightingCircle` 类与 `FormationPattern` 非常相似，为敌人计算目标位置，而它的实现方式稍微有些不同。最后，`StageManager` 分配所有必需的权限，用于为每个战斗循环分配和释放敌人与攻击槽。

延伸阅读

值得注意的是，可以把战斗循环作为一个组件添加到游戏对象中，这个游戏对象可以是目标玩家自身，也可以是保存对玩家的游戏对象的引用的空对象。

另外还可以把用于分配和执行攻击的函数移到战斗循环中。想让这些函数留在管理器中是为了集中化执行攻击，而战斗循环只用于处理目标位置，就像队形那样。

其他参考

更多信息，请参考下面的材料：

❑ 参考 4.1 节

❑ 关于 Kung-Fu 算法的更多信息，请参阅 Steve Rabin 的书籍 *Game AI Pro*

agent 感知

本章中，我们将学习一些用于模拟感官和 agent 感知的算法：
- ❑ 基于碰撞系统的视觉函数
- ❑ 基于碰撞系统的听觉函数
- ❑ 基于碰撞系统的嗅觉函数
- ❑ 基于图的视觉函数
- ❑ 基于图的听觉函数
- ❑ 基于图的嗅觉函数
- ❑ 在潜行游戏中创建感知

6.1 简介

在本章中，我们要学习用不同的方法模拟 agent 的感官刺激，还要学习如何使用碰撞器和图来创建这些模拟器。

第一种方法是使用发射射线、碰撞器，以及绑定到这个组件的 `MonoBehaviour` 函数（比如 `OnCollisionEnter` 函数），以获取三维世界中附近的对象。然后学习如何使用图论和函数模拟同样的感官刺激，这样我们就可以用这种方法表示世界了。

最后，学习如何用混合方法来实现 agent 感知，这种方法参考了之前学习的感知层面的算法。

6.2 基于碰撞系统的视觉函数

这可能是模拟视觉最简单的方式——用一个碰撞器，可以是网格或 Unity 的基础控件，把它作为工具来测定一个对象是否在 agent 的视觉范围内。

准备工作

使用本节中的脚本和本章中的其他基于碰撞器的算法把碰撞器组件附加到相同的游戏对象上。在本例中，建议用基于金字塔的碰撞器，以便模拟视锥体。用的多边形越少，它在游戏中的运算速度越快。

操作步骤

创建可以看见附近的敌人的组件：

1. 创建 Visor 组件，声明其成员变量，将下面相应的 tag 添加到 Unity 的配置中：

```
using UnityEngine;
using System.Collections;

public class Visor : MonoBehaviour
{
    public string tagWall = "Wall";
    public string tagTarget = "Enemy";
    public GameObject agent;
}
```

2. 在组件已经被分配给游戏对象的情况下，实现用于初始化游戏对象的函数：

```
void Start()
{
    if (agent == null)
        agent = gameObject;
}
```

3. 声明函数，用于在每帧中检测碰撞：

```
public void OnTriggerStay(Collider coll)
{
    // 这里是下面的步骤
}
```

4. 如果不是目标就丢弃碰撞器：

```
string tag = coll.gameObject.tag;
if (!tag.Equals(tagTarget))
    return;
```

5. 取得游戏对象的位置，然后计算前挡的方向：

```
GameObject target = coll.gameObject;
Vector3 agentPos = agent.transform.position;
Vector3 targetPos = target.transform.position;
Vector3 direction = targetPos - agentPos;
```

6. 计算其长度并创建一束即将要发射的新射线：

```
float length = direction.magnitude;
direction.Normalize();
Ray ray = new Ray(agentPos, direction);
```

7. 发射创建的射线并获取所有击中的物体：

```
RaycastHit[] hits;
hits = Physics.RaycastAll(ray, length);
```

8. 检测射线光束和目标之间的所有墙体，如果没有，我们可以继续调用函数或开发要触发的行为：

```
int i;
for (i = 0; i < hits.Length; i++)
{
    GameObject hitObj;
    hitObj = hits[i].collider.gameObject;
    tag = hitObj.tag;
    if (tag.Equals(tagWall))
        return;
}
// TODO
// 目标可见
// 下面是你的行为的代码
```

运行原理

图 6-1 展示了两步视觉系统的工作原理。

步骤 1：
检测敌人是否在视野内

视野碰撞器

步骤 2：
再次用射线确认是否真的可见

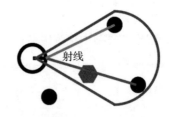

射线

图　6-1

碰撞器组件在每一帧中检测是否碰撞到场景中的任何游戏对象。我们利用对 Unity 的场景图片和引擎的优化，可以专注于如何处理有效的碰撞。

检测之后，如果有目标对象在碰撞器的视觉范围内，我们就发射一条射线去检测是否真的可见，或者在 agent 与目标之间是否有一堵墙。

6.3　基于碰撞系统的听觉函数

在本节中，我们要通过开发两个实体来模拟听觉：一个声音发射器和一个声音接收器。

这是基于 Millington 为了模拟听觉系统而提议的原理，基于这个原理，使用 Unity 碰撞器的能力检测发射器附近的接收器。

准备工作

正如其他基于碰撞器的内容，我们需要把碰撞器组件附加到每一个要检测的对象上，还要把刚体组件附加到发射器或接收器上。

操作步骤

我们要创建用于 agent 的 `SoundReceiver` 类，以及用于警报之类的 `SoundEmitter` 类：

1. 创建用于声音接收器对象的类：

```
using UnityEngine;
using System.Collections;

public class SoundReceiver : MonoBehaviour
{
    public float soundThreshold;
}
```

2. 定义函数，用于处理接收声音的行为：

```
public virtual void Receive(float intensity, Vector3 position)
{
    // TODO
    // 行为的代码放在这里
}
```

3. 创建用于声音发射器对象的类：

```
using UnityEngine;
using System.Collections;
using System.Collections.Generic;

public class SoundEmitter : MonoBehaviour
{
    public float soundIntensity;
    public float soundAttenuation;
    public GameObject emitterObject;
    private Dictionary<int, SoundReceiver> receiverDic;
}
```

4. 初始化附近的接收器和发射器的列表，以防组件没有赋值就被直接附加到对象上：

```
void Start()
{
    receiverDic = new Dictionary<int, SoundReceiver>();
    if (emitterObject == null)
        emitterObject = gameObject;
}
```

5. 实现函数，用于当接收器进入发射器的范围时向列表中添加新的接收器：

```
public void OnTriggerEnter(Collider coll)
{
    SoundReceiver receiver;
    receiver = coll.gameObject.GetComponent<SoundReceiver>();
    if (receiver == null)
        return;
    int objId = coll.gameObject.GetInstanceID();
    receiverDic.Add(objId, receiver);
}
```

6. 实现函数，用于当接收器超出发射器范围时从列表中移除接收器：

```
public void OnTriggerExit(Collider coll)
{
    SoundReceiver receiver;
    receiver = coll.gameObject.GetComponent<SoundReceiver>();
    if (receiver == null)
        return;
    int objId = coll.gameObject.GetInstanceID();
    receiverDic.Remove(objId);
}
```

7. 定义函数，用于向附近的 agent 发射声波：

```
public void Emit()
{
    GameObject srObj;
    Vector3 srPos;
    float intensity;
    float distance;
    Vector3 emitterPos = emitterObject.transform.position;
    // 这里是下面步骤的代码
}
```

8. 计算每个接收器的声音衰减量：

```
foreach (SoundReceiver sr in receiverDic.Values)
{
    srObj = sr.gameObject;
    srPos = srObj.transform.position;
    distance = Vector3.Distance(srPos, emitterPos);
    intensity = soundIntensity;
    intensity -= soundAttenuation * distance;
    if (intensity < sr.soundThreshold)
        continue;
    sr.Receive(intensity, emitterPos);
}
```

运行原理

图 6-2 展示了声音模拟系统与碰撞器的工作原理。

碰撞触发器帮助记录 agent 列表中指定给发射器的 agent。声音发射函数根据 agent 到发射器的距离，用声音衰减的原

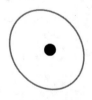

图 6-2

理减小声音强度。

延伸阅读

我们可以开发一个更灵活的算法，通过定义不同类型的墙体来影响声音强度。算法的原理是发射射线，再把墙体的衰减值增加到声音衰减上。

1. 创建一个字典，用于保存字符串（使用 tag）类型的墙体，以及它们对应的衰减值：

```
public Dictionary<string, float> wallTypes;
```

2. 用这种方式减少声音强度：

```
intensity -= GetWallAttenuation(emitterPos, srPos);
```

3. 定义上一步中调用的函数：

```
public float GetWallAttenuation(Vector3 emitterPos, Vector3
receiverPos)
{
    // 这里是下面步骤的代码
}
```

4. 计算射线发射需要的值：

```
float attenuation = 0f;
Vector3 direction = receiverPos - emitterPos;
float distance = direction.magnitude;
direction.Normalize();
```

5. 发射射线并获取击中的物体：

```
Ray ray = new Ray(emitterPos, direction);
RaycastHit[] hits = Physics.RaycastAll(ray, distance);
```

6. 对于每个通过 tag 找到的墙体类型，把它们的值（保存在字典中的）加起来：

```
int i;
for (i = 0; i < hits.Length; i++)
{
    GameObject obj;
    string tag;
    obj = hits[i].collider.gameObject;
    tag = obj.tag;
    if (wallTypes.ContainsKey(tag))
        attenuation += wallTypes[tag];
}
return attenuation;
```

6.4　基于碰撞系统的嗅觉函数

嗅觉是从真实世界转化到虚拟世界中最麻烦的感知之一。现在有一些技术可以实现，然而大多数都倾向于用碰撞器或图逻辑实现。

嗅觉可以通过计算 agent 与游戏场关卡中散发的气味粒子之间的碰撞来模拟。

准备工作

与其他基于碰撞器的方法一样，我们需要把碰撞器组件附加到每个要检测的对象上，而刚体组件附加到发射器和接收器上。

操作步骤

开发用于表示气味粒子的脚本以及有嗅觉能力的 agent：

1. 创建粒子脚本并定义用于计算其寿命的成员变量：

```
using UnityEngine;
using System.Collections;

public class OdourParticle : MonoBehaviour
{
    public float timespan;
    private float timer;
}
```

2. 实现 Start 函数，用于合理性验证：

```
void Start()
{
    if (timespan < 0f)
        timespan = 0f;
    timer = timespan;
}
```

3. 实现 timer 并在对象的生命周期结束后销毁它：

```
void Update()
{
    timer -= Time.deltaTime;
    if (timer < 0f)
        Destroy(gameObject);
}
```

4. 创建用于表示嗅探器 agent 的类：

```
using UnityEngine;
using System.Collections;
using System.Collections.Generic;

public class Smeller : MonoBehaviour
{
    private Vector3 target;
    private Dictionary<int, GameObject> particles;
}
```

5. 初始化用于保存气味 particles 的字典：

```
void Start()
{
    particles = new Dictionary<int, GameObject>();
}
```

6. 把附加了 `OdourParticle` 组件的碰撞对象添加到字典中:

```
public void OnTriggerEnter(Collider coll)
{
    GameObject obj = coll.gameObject;
    OdourParticle op;
    op = obj.GetComponent<OdourParticle>();
    if (op == null)
        return;
    int objId = obj.GetInstanceID();
    particles.Add(objId, obj);
    UpdateTarget();
}
```

7. 当气味粒子超出 agent 的范围或被销毁时从本地字典中释放它们:

```
public void OnTriggerExit(Collider coll)
{
    GameObject obj = coll.gameObject;
    int objId = obj.GetInstanceID();
    bool isRemoved;
    isRemoved = particles.Remove(objId);
    if (!isRemoved)
        return;
    UpdateTarget();
}
```

8. 创建函数, 根据当前字典中的元素计算气味 `centroid`:

```
private void UpdateTarget()
{
    Vector3 centroid = Vector3.zero;
    foreach (GameObject p in particles.Values)
    {
        Vector3 pos = p.transform.position;
        centroid += pos;
    }
    target = centroid;
}
```

9. 实现函数, 如果有中心点的话, 获取气味中心点:

```
public Vector3? GetTargetPosition()
{
    if (particles.Keys.Count == 0)
        return null;
    return target;
}
```

运行原理

图 6-3 展示了嗅觉系统的工作原理。

步骤 1：
在嗅觉范围内检测粒子

步骤 2：
计算中心点，确定跟踪气味的
方向

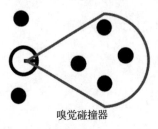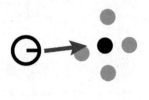

嗅觉碰撞器

图　6-3

与 5.2 节一样，我们使用触发式碰撞器的目的是把气味粒子记录到一个 agent 的感知列表中（用一个字典实现）。当一个粒子被添加进来或被移除出去时就计算出气味中心。然而，我们实现了一个函数用于获取这个中心，因为当没有气味粒子被记录时，内部的中心位置是不变的。

延伸阅读

粒子发射逻辑留给我们根据游戏的需求去实现，而它主要是实例化气味粒子预制件。另外，建议把刚体组件附加到 agent 上。气味粒子可能被大量实例化，导致减弱游戏的性能。

6.5　基于图的视觉函数

本节基于图的逻辑模拟场景，我们还是从开发视觉的感知开始。

准备工作

掌握第 2 章非常重要，目的是理解基于图的方法的内部原理。

操作步骤

只需要实现一个新文件：

1. 创建用于处理视觉的类：

```
using UnityEngine;
using System.Collections;
using System.Collections.Generic;

public class VisorGraph : MonoBehaviour
{
    public int visionReach;
    public GameObject visorObj;
```

```
        public Graph visionGraph;
    }
```

2. 假如组件还没有赋值给它，初始化视线前挡对象：

```
void Start()
{
    if (visorObj == null)
        visorObj = gameObject;
}
```

3. 定义函数，用于检测给定的节点集合的可见性：

```
public bool IsVisible(int[] visibilityNodes)
{
    int vision = visionReach;
    int src = visionGraph.GetNearestVertex(visorObj);
    HashSet<int> visibleNodes = new HashSet<int>();
    Queue<int> queue = new Queue<int>();
    queue.Enqueue(src);
}
```

4. 实现广度优先搜索算法：

```
while (queue.Count != 0)
{
    if (vision == 0)
        break;
    int v = queue.Dequeue();
    List<int> neighbours = visionGraph.GetNeighbors(v);
    foreach (int n in neighbours)
    {
        if (visibleNodes.Contains(n))
            continue;
        queue.Enqueue(v);
        visibleNodes.Add(v);
    }
}
```

5. 对比可见的节点集与视觉系统看到的节点集：

```
foreach (int vn in visibleNodes)
{
    if (visibleNodes.Contains(vn))
        return true;
}
```

6. 如果两个集合没有匹配则返回 `false`：

```
return false;
```

运行原理

本节使用广度优先算法去寻找视觉范围内能到达的节点，然后对比到达的节点集合与 agent 所在的节点集合。

输入数组是在使入之前被算法计算出来的，而且超出了本节的范围，因为它依赖于准确定位，比如，需要检查的每个 agent 或对象的位置。

6.6 基于图的听觉函数

听觉的原理与视觉类似，但是不需要考虑节点的直接可见性，这是由声音的属性决定的。然而，我们还是需要一个声音接收器让听觉函数能够工作。在本节中不把 agent 作为一个直接的声音接收器，而是让声音遍历声像图，而后被图节点感知。

准备工作

掌握路径查找的内容非常重要，目的是理解基于图的方法的内部原理。

操作步骤

1. 创建发射器类：

```
using UnityEngine;
using System.Collections;
using System.Collections.Generic;

public class EmitterGraph : MonoBehaviour
{
    // 下面的步骤
}
```

2. 声明成员变量：

```
public int soundIntensity;
public Graph soundGraph;
public GameObject emitterObj;
```

3. 验证对发射器对象的引用的验证：

```
public void Start()
{
    if (emitterObj == null)
        emitterObj = gameObject;
}
```

4. 声明用于发射声音的函数：

```
public int[] Emit()
{
    // 下面的步骤
}
```

5. 声明以及为必要的变量赋值：

```
List<int> nodeIds = new List<int>();
Queue<int> queue = new Queue<int>();
```

```
List<int> neighbours;
int intensity = soundIntensity;
int src = soundGraph.GetNearestVertex(emitterObj);
```

6. 向访问过的节点列表和队列中添加源节点：

```
nodeIds.Add(src);
queue.Enqueue(src);
```

7. 编写广度优先搜索循环的代码，用于找到节点：

```
while (queue.Count != 0)
{
    // 下面的步骤
}
return nodeIds.ToArray();
```

8. 如果声音强度耗尽则结束循环：

```
if (intensity == 0)
    break;
```

9. 从队列中取出一个节点，并获取其邻接点：

```
int v = queue.Dequeue();
neighbours = soundGraph.GetNeighbors(v);
```

10. 检测邻接点，如有必要的话添加到队列中：

```
foreach (int n in neighbours)
{
    if (nodeIds.Contains(n))
        continue;
    queue.Enqueue(n);
    nodeIds.Add(n);
}
```

11. 减少声音强度：

```
intensity--;
```

运行原理

本节使用广度优先算法，返回受声音强度影响的节点列表。当没有更多需要遍历的节点，或者在遍历图时声音的强度消失时，算法结束。

延伸阅读

学习了如何使用碰撞器和图逻辑实现嗅觉之后，你可以开发一个新的混合算法，依赖于把距离作为入参的启发式算法。如果节点超出了声音的最大距离，就不需要将其邻接点添加到队列中了。

其他参考

- ❏ 见 2.6 节
- ❏ 见 2.8 节

6.7 基于图的嗅觉函数

在本节中，我们使用一种混合的方法来标记与给定气味粒子碰撞的顶点。

准备工作

顶点应该附加一个广泛的碰撞器，这样顶点就可以捕捉附近的气味粒子了。

操作步骤

1. 将下面的成员变量添加到气味粒子脚本中，以便保存其父 ID：

```
public int parent;
```

2. 创建新的启用气味的类，该类继承自原 vertex 类：

```
using UnityEngine;
using System.Collections;
using System.Collections.Generic;

public class VertexOdour : Vertex
{
    private Dictionary<int, OdourParticle> odourDic;
}
```

3. 在 Start 函数中初始化气味字典：

```
public void Start()
{
    odourDic = new Dictionary<int, OdourParticle>();
}
```

4. 将气味添加到顶点字典中：

```
public void OnCollisionEnter(Collision coll)
{
    OdourOdourParticle op;
    op = coll.gameObject.GetComponent<OdourParticle>();
    if (op == null)
        return;
    int id = op.parent;
    odourDic.Add(id, op);
}
```

5. 从顶点字典中移除气味：

```
public void OnCollisionExit(Collision coll)
{
    OdourParticle op;
    op = coll.gameObject.GetComponent<OdourParticle>();
    if (op == null)
        return;
    int id = op.parent;
    odourDic.Remove(id);
}
```

6. 实现函数，用于检测是否有气味被标记：

```
public bool HasOdour()
{
    if (odourDic.Values.Count == 0)
        return false;
    return true;
}
```

7. 实现函数，用于检测某个气味类型是否存在于顶点字典中：

```
public bool OdourExists(int id)
{
    return odourDic.ContainsKey(id);
}
```

运行原理

气味粒子与顶点发生碰撞，就保存进顶点的气味字典，然后 agent 就可以检测气味粒子是否被记录进附近的顶点了。

其他参考

❑ 见第 2 章

6.8　在潜行游戏中创建感知

既然我们知道了如何实现感知层的算法，现在是时候了解如何开发用于创建 agent 感知的高级技术了。

本节基于 Brook Miles 以及其在 Klei Entertainment 公司的团队为游戏忍者之印（Makr of the Ninja）所做的努力。使用的机制的理念是让兴趣源可以被 agent 看见或听见，并且让感知管理器来管理它们。

准备工作

因为有很多东西都围绕着兴趣的概念，我们需要两个数据结构，用于定义兴趣的感知和优先级，再用一个数据类型表示兴趣自身。

这是用于表示感知的数据结构：

```
public enum InterestSense
{
    SOUND,
    SIGHT
};
```

这是用于表示优先级的数据结构：

```
public enum InterestPriority
{
    LOWEST = 0,
    BROKEN = 1,
    MISSING = 2,
    SUSPECT = 4,
    SMOKE = 4,
    BOX = 5,
    DISTRACTIONFLARE = 10,
    TERROR = 20
};
```

这是兴趣的数据类型：

```
using UnityEngine;
using System.Collections;

public struct Interest
{
    public InterestSense sense;
    public InterestPriority priority;
    public Vector3 position;
}
```

在实现必要类之前，要特别注意感知层面的函数还是空的，目的是保持方法的灵活性，让我们可以有自定义的实现。这些实现代码可以用之前学过的方法来开发。

操作步骤

该方法较长，我们要实现两个大类，建议仔细阅读下面的步骤：

1. 创建定义 agent 及其成员变量的类：

```
using UnityEngine;
using System.Collections;
using System.Collections.Generic;

public class AgentAwared : MonoBehaviour
{
    protected Interest interest;
    protected bool isUpdated = false;
}
```

2. 定义函数，用于检测某个兴趣是否相关：

```
public bool IsRelevant(Interest i)
{
    int oldValue = (int)interest.priority;
    int newValue = (int)i.priority;
    if (newValue <= oldValue)
        return false;
    return true;
}
```

3. 实现函数，用于在 agent 中设置新的兴趣：

```
public void Notice(Interest i)
{
    StopCoroutine(Investigate());
    interest = i;
    StartCoroutine(Investigate());
}
```

4. 定义用于调查的自定义函数，我们可以自己实现，而且要考虑 agent 的兴趣：

```
public virtual IEnumerator Investigate()
{
    // TODO
    // 编写你自己的实现
    yield break;
}
```

5. 定义用于主导的自定义函数，用于定义当 agent 正在负责排序时 agent 所做的事情，而且将依赖于我们自己的实现：

```
public virtual IEnumerator Lead()
{
    // TODO
    // 编写你自己的实现
    yield break;
}
```

6. 创建用于定义兴趣源的类：

```
using UnityEngine;
using System.Collections;
using System.Collections.Generic;

public class InterestSource : MonoBehaviour
{
    public InterestSense sense;
    public float radius;
    public InterestPriority priority;
    public bool isActive;
}
```

7. 实现用于获取兴趣值的属性：

```
public Interest interest
{
    get
    {
        Interest i;
        i.position = transform.position;
        i.priority = priority;
        i.sense = sense;
        return i;
    }
}
```

8. 定义用于检测 agent 是否被兴趣源影响的函数。该函数可以在 agent 类中定义，但是需要在下一步中做一些修改。这是其中一个感知层的函数：

```
protected bool IsAffectedSight(AgentAwared agent)
{
    // TODO
    // 实现你的视野检测
    return false;
}
```

9. 实现另一个用于检测 agent 是否被声音影响的感知层的函数。该函数与上一步中的架构相同：

```
protected bool IsAffectedSound(AgentAwared agent)
{
    // TODO
    // 实现你的声音检测
    return false;
}
```

10. 定义获取受兴趣源影响的 agent 列表的函数。该函数声明为虚函数，免得以后重写，或者简单地改变其逻辑：

```
public virtual List<AgentAwared> GetAffected(AgentAwared[]
agentList)
{
    List<AgentAwared> affected;
    affected = new List<AgentAwared>();
    Vector3 interPos = transform.position;
    Vector3 agentPos;
    float distance;
    // 下面的步骤
}
```

11. 开始创建用于遍历 agent 列表的主循环并返回受影响的列表：

```
foreach (AgentAwared agent in agentList)
{
    // 下面的步骤
}
return affected;
```

12. 辨别一个 agent 是否超出了源的行动半径：

```
agentPos = agent.transform.position;
distance = Vector3.Distance(interPos, agentPos);
if (distance > radius)
    continue;
```

13. 根据源的感知类型，检测 agent 是否受影响：

```
bool isAffected = false;
switch (sense)
{
    case InterestSense.SIGHT:
        isAffected = IsAffectedSight(agent);
        break;
    case InterestSense.SOUND:
        isAffected = IsAffectedSound(agent);
        break;
}
```

14. 如果 agent 受影响，则将其添加到列表中：

```
if (!isAffected)
    continue;
affected.Add(agent);
```

15. 创建用于感知管理器的类：

```
using UnityEngine;
using System.Collections;
using System.Collections.Generic;

public class SensoryManager : MonoBehaviour
{
    public List<AgentAwared> agents;
    public List<InterestSource> sources;
}
```

16. 实现 Awake 函数：

```
public void Awake()
{
    agents = new List<AgentAwared>();
    sources = new List<InterestSource>();
}
```

17. 声明函数，根据 agent 数组获取侦察员的集合：

```
public List<AgentAwared> GetScouts(AgentAwared[] agents, int leader
= -1)
{
    // 下面的步骤
}
```

18. 验证 agent 的数量，返回 agent 列表：

```
if (agents.Length == 0)
    return new List<AgentAwared>(0);
if (agents.Length == 1)
    return new List<AgentAwared>(agents);
```

19. 如果有索引的话，就移除主导者：

```
List<AgentAwared> agentList;
agentList = new List<AgentAwared>(agents);
if (leader > -1)
    agentList.RemoveAt(leader);
```

20. 计算要获取的侦察员的数量：

```
List<AgentAwared> scouts;
scouts = new List<AgentAwared>();
float numAgents = (float)agents.Length;
int numScouts = (int)Mathf.Log(numAgents, 2f);
```

21. 从 agent 列表中获取随机的侦察员：

```
while (numScouts != 0)
{
    int numA = agentList.Count;
    int r = Random.Range(0, numA);
    AgentAwared a = agentList[r];
    scouts.Add(a);
    agentList.RemoveAt(r);
    numScouts--;
}
```

22. 获取侦察员：

```
return scouts;
```

23. 定义用于检测兴趣源列表的函数：

```
public void UpdateLoop()
{
    List<AgentAwared> affected;
    AgentAwared leader;
    List<AgentAwared> scouts;
    foreach (InterestSource source in sources)
    {
        // 下面的步骤
    }
}
```

24. 放弃不活跃的源：

```
if (!source.isActive)
    continue;
source.isActive = false;
```

25. 放弃不影响任何 agent 的源：

```
affected = source.GetAffected(agents.ToArray());
if (affected.Count == 0)
    continue;
```

26. 获取一个随机的 leader 和 scouts 的集合：

```
int l = Random.Range(0, affected.Count);
leader = affected[l];
scouts = GetScouts(affected.ToArray(), l);
```

27. 如有必要，调用主导者的主导函数：

```
if (leader.Equals(scouts[0]))
    StartCoroutine(leader.Lead());
```

28. 假如与侦察员相关的话，通知它们注意兴趣：

```
foreach (AgentAwared a in scouts)
{
    Interest i = source.interest;
    if (a.IsRelevant(i))
        a.Notice(i);
}
```

运行原理

有一列兴趣源可以吸引世界中大量 agent 的注意。这些兴趣源保存在管理器中，管理器为每个活跃的兴趣源处理全局更新。

兴趣源接收世界中的 agent 列表，在两步流程后只获取受影响的 agent。首先，把所有在其行动半径之外的 agent 撇开，然后只考虑用更精细（开销更大）感知层机制可以感知到的那些 agent。

管理器管理受影响的 agent，初始化侦察员和它们的主导者，最后通知它们所有相关的兴趣。

延伸阅读

值得一提的是 SensoryManager 类作为一个枢纽保存并管理 agent 列表和兴趣源列表，所以它应该是一个单例。这个类如果有多个实例可能带来我们不希望的复杂行为。

agent 的兴趣由感知管理器根据优先级值自动改变，还可以在有需要时使用公有函数 Notice 重置其值。

根据游戏需求，这里还有改进的空间。列表中的侦察员可以互相重叠，取决于我们和游戏，可以以最佳方式来处理这种场景。而我们构建的这个系统利用优先级值来制定决策。

其他参考

关于本节方法背后的更多信息，请参阅 Steve Rabin 的书籍 *Game AI Pro*。

棋类游戏和应用的搜索 AI

本章中，你将学习用于开发棋类游戏 AI 的算法家族：

☐ 使用博弈树（game-tree）类

☐ 实现极小化 Minimax 算法

☐ 实现 Negamax 算法

☐ 实现 AB Negamax 算法

☐ 实现 Negascout 算法

☐ 实现井字游戏对手

☐ 实现跳棋游戏对手

☐ 使用 UCB1 算法实现剪刀石头布 AI

☐ 实现无悔匹配算法

7.1　简介

在本章中，你将学习一系列算法，用于开发棋类游戏技术和创建人工智能。这些算法基于博弈树图的原理，评估状态并决定访问其邻接点时都会用到。这些算法还考虑了适用于两个玩家的棋类游戏。然而只需要稍微一点儿工作，其中的一些算法就可以扩展到多个玩家。

7.2　使用博弈树类

虽然博弈状态（game state）可以用很多种不同的方式表示，但是你将学习如何创建可扩展的类，以便在不同的情况下使用高级棋类 AI 算法。

准备工作

　　理解面向对象编程很重要，尤其是继承和多态。这是因为我们要创建可以用在很多棋类游戏决策上的泛型函数，还要编写特定的子类，继承并进一步特化这些函数。

操作步骤

　　我们要构建两个类，用于表示博弈树，步骤如下：

　　1. 创建抽象类 `Move`：

```
using UnityEngine;
using System.Collections;

public abstract class Move
{
}
```

　　2. 创建伪抽象类 `Board`：

```
using UnityEngine;
using System.Collections;

public class Board
{
    protected int player;
    // 这里是下面步骤中的代码
}
```

　　3. 定义默认构造器：

```
public Board()
{
    player = 1;
}
```

　　4. 实现用于获取下一步行动的虚函数：

```
public virtual Move[] GetMoves()
{
    return new Move[0];
}
```

　　5. 实现用于在棋盘上执行一次行动的虚函数：

```
public virtual Board MakeMove(Move m)
{
    return new Board();
}
```

　　6. 定义用于探测游戏是否已经结束的虚函数：

```
public virtual bool IsGameOver()
{
```

```
        return true;
    }
```

7. 实现用于获取当前玩家的虚函数：

```
public virtual int GetCurrentPlayer()
{
        return player;
}
```

8. 实现用于检测某个玩家得分的虚函数：

```
public virtual float Evaluate(int player)
{
        return Mathf.NegativeInfinity;
}
```

9. 实现用于探测当前玩家得分的虚函数：

```
public virtual float Evaluate()
{
        return Mathf.NegativeInfinity;
}
```

运行原理

我们已经为后面的算法创建了基石。Board 类作为一个节点，用于表示当前的博弈状态，而 Move 类表示一条边。当 GetMoves 函数被调用时，我们模拟用于获取边的函数，以便得到当前博弈状态的邻接状态。

其他参考

关于本章中介绍的技术的更多深层理论，请参阅 Russel 和 Norvig 的 *Artificial Intelligence: A Modern Approach*（对抗搜索（adversarial search））和 Ian Millington 的 *Artificial Intelligence for Games*（棋类游戏）。

7.3　实现 Minimax 算法

Minimax（极小化极大）算法基于这样一个决策：在最坏情况（最大损失）下最小化可能造成的损失。除了游戏开发和博弈理论，极小化极大算法还可以作为统计、决策理论以及哲学的决策规则。

这项技术起初是为了用公式化表示两个玩家的零和博弈（zero-sum）理论，意思是说一个玩家的胜利就是另一个玩家的损失。但是在这里，可以足够灵活地处理更多玩家的情况。

准备工作

理解动态成员函数和静态成员函数的不同之处以及递归至关重要。动态成员函数绑定到类的实例，而静态成员函数绑定到类本身。静态函数允许我们调用时无须实例化一个对象，这对于通用算法非常有用，比如该方法中要实现的。

至于递归，并不是所有情况下（不像迭代）都显然是一个迭代过程，迭代过程需要一个基线条件（也叫作停止条件）和一个递归条件（用于保持迭代）。

操作步骤

我们要创建用于管理所有主要算法的基类，然后实现 Minimax 函数，代码如下：

1. 创建 BoardAI 类：

```
using UnityEngine;
using System.Collections;

public class BoardAI
{

}
```

2. 声明 Minimax 函数：

```
public static float Minimax(
        Board board,
        int player,
        int maxDepth,
        int currentDepth,
        ref Move bestMove)
{
    // 这里是下面的步骤
}
```

3. 考虑基线条件：

```
if (board.IsGameOver() || currentDepth == maxDepth)
    return board.Evaluate(player);
```

4. 根据玩家设置初始值：

```
bestMove = null;
float bestScore = Mathf.Infinity;
if (board.GetCurrentPlayer() == player)
    bestScore = Mathf.NegativeInfinity;
```

5. 循环遍历所有可能的行动，然后返回最佳得分值：

```
foreach (Move m in board.GetMoves())
{
    // 这里是下面的步骤
}
return bestScore;
```

6. 根据行动创建一个新的博弈状态：

```
Board b = board.MakeMove(m);
float currentScore;
Move currentMove = null;
```

7. 开始递归：

```
currentScore = Minimax(b, player, maxDepth, currentDepth + 1, ref
currentMove);
```

8. 确认当前玩家的得分：

```
if (board.GetCurrentPlayer() == player)
{
    if (currentScore > bestScore)
    {
        bestScore = currentScore;
        bestMove = currentMove;
    }
}
```

9. 确认对手的得分：

```
else
{
    if (currentScore < bestScore)
    {
        bestScore = currentScore;
        bestMove = currentMove;
    }
}
```

运行原理

极小化极大算法实现了有界的**深度优先搜索**。在每一步中，行动的选择是这样的：通过挑选出那个可以最大化玩家得分并且假设对手会挑选最小化自己得分的行动，直到遇见终止（叶子）节点。

对行动的追踪是由递归完成的，而用于选择或假设选择的启发式算法则依赖于 Evaluate 函数。

其他参考

更多信息，请参考 7.1 节。

7.4 实现 Negamax 算法

当零和博弈只有两个玩家参与时，利用一个玩家损失即是另一个玩家获利的原则，我们可以改进极小化极大算法。这种方式可以提供与极小化极大算法相同的结果，只是这个算法不追踪是哪个玩家的行动。Negamax 算法是对极小化极大算法的改进.

准备工作

理解动态成员函数和静态成员函数的不同之处以及递归至关重要。动态成员函数绑定到类的实例,而静态成员函数绑定到类本身。静态函数允许我们调用时无须实例化一个对象,这对于通用算法非常有用,比如该方法中要实现的。

至于递归,并不是所有情况下(不像迭代)都显然是一个迭代过程,迭代过程需要一个基线条件(也叫作停止条件)和一个递归条件(用于保持迭代)。

操作步骤

我们要向 BoardAI 类中添加一个新的函数,步骤如下:

1. 创建 Negamax 函数:

```
public static float Negamax(
        Board board,
        int maxDepth,
        int currentDepth,
        ref Move bestMove)
{
    // 这里是下面的步骤
}
```

2. 验证基线条件:

```
if (board.IsGameOver() || currentDepth == maxDepth)
    return board.Evaluate();
```

3. 设置初始值:

```
bestMove = null;
float bestScore = Mathf.NegativeInfinity;
```

4. 遍历所有可用的行动并返回最佳得分:

```
foreach (Move m in board.GetMoves())
{
    // 这里是下面的步骤
}
return bestScore;
```

5. 从当前行动创建一个新的博弈状态:

```
Board b = board.MakeMove(m);
float recursedScore;
Move currentMove = null;
```

6. 开始递归:

```
recursedScore = Negamax(b, maxDepth, currentDepth + 1, ref
currentMove);
```

7. 如有必要,设置当前得分并更新最佳得分与行动:

```
float currentScore = -recursedScore;
if (currentScore > bestScore)
{
    bestScore = currentScore;
```

```
        bestMove = m;
    }
```

运行原理

Negamax 与极小化极大算法的基本原理相同，但是做了一些改进。在递归的每一步的返回中，把上一步的得分变为负。算法在这里不选择最佳行动，而是改变得分的正负符号，以避免追踪是哪个玩家的行动。

延伸阅读

因为 Negamax 在每步中交换了两个玩家的视角（viewpoints），所以使用的是没有参数的计算函数。

其他参考

- ❏ 见 7.1 节
- ❏ 见 7.2 节

7.5 实现 AB Negamax 算法

Negamax 算法还有一些改进空间。虽然它很高效，但缺点是会检查一些不必要的节点（比如棋盘的位置）。要克服这个问题，我们可以使用一种带有搜索策略的 Negamax，叫作"Alpha-Beta 剪枝（alpha-beta pruning）"。

准备工作

理解动态成员函数和静态成员函数的不同之处以及递归至关重要。动态成员函数绑定到类的实例，而静态成员函数绑定到类本身。静态函数允许我们调用时无须实例化一个对象，这对于通用算法非常有用，比如该方法中要实现的。

至于递归，并不是所有情况下（不像迭代）都显然是一个迭代过程，迭代过程需要一个基线条件（也叫作停止条件）和一个递归条件（用于保持迭代）。

操作步骤

我们要向 BoardAI 类中添加一个新的函数，步骤如下：

1. 创建 ABNegamax 函数：

```
public static float ABNegamax(
        Board board,
        int player,
        int maxDepth,
```

```
                int currentDepth,
                ref Move bestMove,
                float alpha,
                float beta)
{
    // 这里是下面的步骤
}
```

2. 验证基线条件：

```
if (board.IsGameOver() || currentDepth == maxDepth)
    return board.Evaluate(player);
```

3. 设置初始值：

```
bestMove = null;
float bestScore = Mathf.NegativeInfinity;
```

4. 遍历所有可用的行动并返回最佳得分：

```
foreach (Move m in board.GetMoves())
{
    // 这里是下面的步骤
}
return bestScore;
```

5. 从当前行动创建一个新的博弈状态：

```
Board b = board.MakeMove(m);
```

6. 设置用于递归的值：

```
float recursedScore;
Move currentMove = null;
int cd = currentDepth + 1;
float max = Mathf.Max(alpha, bestScore);
```

7. 开始递归：

```
recursedScore = ABNegamax(b, player, maxDepth, cd, ref currentMove,
-beta, max);
```

8. 如有必要，设置当前得分并更新最佳得分和行动。另外，必要时停止递归：

```
float currentScore = -recursedScore;
if (currentScore > bestScore)
{
    bestScore = currentScore;
    bestMove = m;

    if (bestScore >= beta)
        return bestScore;
}
```

运行原理

因为我们知道 AB Negamax 算法的基本思想，所以具体说一下搜索策略。这里有两个值：alpha 和 beta。alpha 值是玩家可能得到的最低分值，这样就不用再考虑对手还可以出什么招去减少这个分值。类似地，beta 值是上限分值，不管行动多有吸引力，这个算法假设对手没有机会得分。

假设两个玩家之间轮流行动（极小化和极大化），则每一步中只需要检查其中一个值。

其他参考

- ❑ 见 7.1 节
- ❑ 见 7.2 节
- ❑ 见 7.3 节

7.6 实现 Negascout 算法

引入搜索策略的同时也带来了新的挑战。Negascout 算法通过改进启发式剪枝（pruning heuristic）收窄搜索结果。Negascout 算法基于一个叫作**搜索窗口**（search window）的概念，搜索窗口是 alpha 和 beta 值之间的间隔。所以，缩小搜索窗口可以增加分支被剪枝的机会。

准备工作

理解动态成员函数和静态成员函数的不同之处以及递归至关重要。动态成员函数绑定到类的实例，而静态成员函数绑定到类本身。静态函数允许我们调用时无须实例化一个对象，这对于通用算法非常有用，比如该方法中要实现的。

至于递归，并不是所有情况下（不像迭代）都显然是一个迭代过程，迭代过程需要一个基线条件（也叫作停止条件）和一个递归条件（用于保持迭代）。

操作步骤

我们要向 BoardAI 类中添加一个新的函数，步骤如下：

1. 创建 ABNegascout 函数：

```
public static float ABNegascout (
        Board board,
        int player,
        int maxDepth,
        int currentDepth,
        ref Move bestMove,
        float alpha,
        float beta)
{
    // 这里是下面的步骤
}
```

2. 验证基线条件：

```
if (board.IsGameOver() || currentDepth == maxDepth)
    return board.Evaluate(player);
```

3. 设置初始值：

```
bestMove = null;
float bestScore = Mathf.NegativeInfinity;
float adaptiveBeta = beta;
```

4. 遍历每个可用的行动并返回最佳得分：

```
foreach (Move m in board.GetMoves())
{
    // 这里是下面的步骤
}
return bestScore;
```

5. 从当前行动创建一个新的博弈状态：

```
Board b = board.MakeMove(m);
```

6. 设置值，用于递归：

```
Move currentMove = null;
float recursedScore;
int depth = currentDepth + 1;
float max = Mathf.Max(alpha, bestScore);
```

7. 调用递归：

```
recursedScore = ABNegamax(b, player, maxDepth, depth, ref
currentMove, -adaptiveBeta, max);
```

8. 设置当前得分，并确认得分：

```
float currentScore = -recursedScore;
if (currentScore > bestScore)
{
    // 这里是下面的步骤
}
```

9. 确认是否需要剪枝：

```
if (adaptiveBeta == beta || currentDepth >= maxDepth - 2)
{
    bestScore = currentScore;
    bestMove = currentMove;
}
```

10. 如果不需要剪枝，则继续递归：

```
else
{
    float negativeBest;
    negativeBest = ABNegascout(b, player, maxDepth, depth, ref
bestMove, -beta, -currentScore);
    bestScore = -negativeBest;
}
```

11. 必要时停止循环，否则更新适合的值：

```
if (bestScore >= beta)
    return bestScore;
adaptiveBeta = Mathf.Max(alpha, bestScore) + 1f;
```

运行原理

Negascout 算法的原理是检查每个节点的第一次行动。侦察员基于第一次行动，试图通过缩小搜索窗口来确认随后的行动。如果无法通过搜索窗口，就用全尺寸的搜索窗口重复这个过程。结果就是剪枝大量的分支，避免了失败。

其他参考

❑ 见 7.4 节

7.7　实现井字游戏对手

要使用 7.5 节的算法，我们需要设计一种方法来为一款大众化游戏——井字棋（tic-tac-toe）实现对手。它不仅帮助我们扩展了基类，还为我们自己的棋类游戏创建对手提供了途径。

准备工作

我们要创建一个专门的行动类，用于井字棋的棋盘，该行动类继承自我们在本章开头创建的父类：

```
using UnityEngine;
using System.Collections;

public class MoveTicTac : Move
{
    public int x;
    public int y;
    public int player;

    public MoveTicTac(int x, int y, int player)
    {
        this.x = x;
        this.y = y;
        this.player = player;
    }
}
```

操作步骤

还要创建一个继承自 Board 类的新类，重写其父类的方法，再创建一些新的方法：

1. 创建，继承自 Board 类的 BoardTicTac 类，并添加相应的成员函数，用于存储棋盘的值：

```
using UnityEngine;
using System;
using System.Collections;
using System.Collections.Generic;

public class BoardTicTac : Board
{
    protected int[,] board;
    protected const int ROWS = 3;
    protected const int COLS = 3;
}
```

2. 实现默认的构造函数：

```
public BoardTicTac(int player = 1)
{
    this.player = player;
    board = new int[ROWS, COLS];
    board[1,1] = 1;
}
```

3. 定义函数，用于获取下一步该哪个玩家行动：

```
private int GetNextPlayer(int p)
{
    if (p == 1)
        return 2;
    return 1;
}
```

4. 创建一个函数，用于评估某个玩家的位置：

```
private float EvaluatePosition(int x, int y, int p)
{
    if (board[y, x] == 0)
        return 1f;
    else if (board[y, x] == p)
        return 2f;
    return -1f;
}
```

5. 定义一个函数，根据玩家的位置计算其邻接位置：

```
private float EvaluateNeighbours(int x, int y, int p)
{
    float eval = 0f;
    int i, j;
    for (i = y - 1; i < y + 2; y++)
    {
        if (i < 0 || i >= ROWS)
            continue;
        for (j = x - 1; j < x + 2; j++)
        {
            if (j < 0 || j >= COLS)
```

```
                continue;
            if (i == j)
                continue;
            eval += EvaluatePosition(j, i, p);
        }
    }
    return eval;
}
```

6. 实现构造函数，用于构建新的状态的值：

```
public BoardTicTac(int[,] board, int player)
{
    this.board = board;
    this.player = player;
}
```

7. 重写成员函数，用于从当前状态获取可用的行动：

```
public override Move[] GetMoves()
{
    List<Move> moves = new List<Move>();
    int i;
    int j;
    for (i = 0; i < ROWS; i++)
    {
        for (j = 0; j < COLS; j++)
        {
            if (board[i, j] != 0)
                continue;
            MoveTicTac m = new MoveTicTac(j, i, player);
            moves.Add(m);
        }
    }
    return moves.ToArray();
}
```

8. 重写函数，用于从当前行动获取一个新状态：

```
public override Board MakeMove(Move m)
{
    MoveTicTac move = (MoveTicTac)m;
    int nextPlayer = GetNextPlayer(move.player);
    int[,] copy = new int[ROWS, COLS];
    Array.Copy(board, 0, copy, 0, board.Length);
    copy[move.y, move.x] = move.player;
    BoardTicTac b = new BoardTicTac(copy, nextPlayer);
    return b;
}
```

9. 根据入参玩家，定义用于计算当前状态的函数：

```
public override float Evaluate(int player)
{
    float eval = 0f;
    int i, j;
    for (i = 0; i < ROWS; i++)
    {
```

```
        for (j = 0; j < COLS; j++)
        {
            eval += EvaluatePosition(j, i, player);
            eval += EvaluateNeighbours(j, i, player);
        }
    }
    return eval;
}
```

10. 实现用于计算当前玩家的当前状态的函数：

```
public override float Evaluate()
{
    float eval = 0f;
    int i, j;
    for (i = 0; i < ROWS; i++)
    {
        for (j = 0; j < COLS; j++)
        {
            eval += EvaluatePosition(j, i, player);
            eval += EvaluateNeighbours(j, i, player);
        }
    }
    return eval;
}
```

运行原理

我们为井字棋盘游戏定义了一个新类型的走法，与 7.5 节的算法配合得很好，因为走法只是在上层把算法作为一个数据结构使用。本节方法的核心来自重写 Board 类的虚函数用于建模问题。我们使用了一个二维数组存储玩家在棋盘上的行动（0 表示一次无效的运行），然后我们完成了一个启发式算法，这个启发式算法用于根据状态的邻接值定义状态的值。

延伸阅读

用于计算棋盘（状态）得分的函数用到了一个可容许的启发式算法，但该算法可能不是最优的。我们需要重新审视这个问题，然后重构前面提到的函数体，以便拥有一个更强的对手。

其他参考

❑ 见 7.1 节

7.8　实现跳棋游戏对手

本节将学习如何用一个进阶示例扩展上一节的方法。在本例中将学习如何模拟西洋棋（国际跳棋）棋盘以及棋子，以便符合我们的棋类 AI 框架中要用到的函数的需求。

这种方法使用一个国际象棋棋盘（8×8大小），以及对应的棋子种类的数量（12种）。然而，可以简单地通过参数化来改变这些值以便让我们可以有不同大小的棋盘。

准备工作

首先，我们为这种特殊情况创建一种新的移动类型，称为 MoveDraughts：

```
using UnityEngine;
using System.Collections;

public class MoveDraughts : Move
{
    public PieceDraughts piece;
    public int x;
    public int y;
    public bool success;
    public int removeX;
    public int removeY;
}
```

这个数据结构存储要移动的棋子，如果走子是一次成功的杀敌则储存新的 x 和 y 坐标，以及要被移除的棋子的位置。

操作步骤

我们要分别实现两个核心类，用于分别模拟棋子和棋盘。这是一个较长的过程，所以请仔细阅读：

1. 创建一个新文件，命名为 PieceDraughts.cs，并添加以下代码：

```
using UnityEngine;
using System.Collections;
using System.Collections.Generic;
```

2. 添加 PieceColor 数据类型：

```
public enum PieceColor
{
    WHITE,
    BLACK
};
```

3. 添加 PieceType 数据 enum：

```
public enum PieceType
{
    MAN,
    KING
};
```

4. 开始构建 PieceDraughts 类：

```
public class PieceDraughts : MonoBehaviour
{
```

```
    public int x;
    public int y;
    public PieceColor color;
    public PieceType type;
    // 这里是下面的步骤
}
```

5. 定义用于初始化棋子的函数：

```
public void Setup(int x, int y,
        PieceColor color,
        PieceType type = PieceType.MAN)
{
    this.x = x;
    this.y = y;
    this.color = color;
    this.type = type;
}
```

6. 定义用于在棋盘上移动棋子的函数：

```
public void Move (MoveDraughts move, ref PieceDraughts [,] board)
{
    board[move.y, move.x] = this;
    board[y, x] = null;
    x = move.x;
    y = move.y;
    // 这里是下面的步骤
}
```

7. 如果走子是一次杀敌，则删除相应的棋子：

```
if (move.success)
{
    Destroy(board[move.removeY, move.removeX]);
    board[move.removeY, move.removeX] = null;
}
```

8. 如果棋子是王（KING）则停止此流程：

```
if (type == PieceType.KING)
    return;
```

9. 如果是兵（MAN）且到达了对手棋盘的底线则改变棋子的类型：

```
int rows = board.GetLength(0);
if (color == PieceColor.WHITE && y == rows)
    type = PieceType.KING;
if (color == PieceColor.BLACK && y == 0)
    type = PieceType.KING;
```

10. 定义用于检查走子是否在棋盘的边界以内的函数：

```
private bool IsMoveInBounds(int x, int y, ref PieceDraughts[,]
board)
{
    int rows = board.GetLength(0);
    int cols = board.GetLength(1);
```

```
    if (x < 0 || x >= cols || y < 0 || y >= rows)
        return false;
    return true;
}
```

11. 定义用于获取走法的通用函数：

```
public Move[] GetMoves(ref PieceDraughts[,] board)
{
    List<Move> moves = new List<Move>();
    if (type == PieceType.KING)
        moves = GetMovesKing(ref board);
    else
        moves = GetMovesMan(ref board);
    return moves.ToArray();
}
```

12. 开始实现用于棋子类型为兵（Man）时获取走子的函数：

```
private List<Move> GetMovesMan(ref PieceDraughts[,] board)
{
    // 这里是下面的步骤
}
```

13. 添加用于存储两个走法的变量：

```
List<Move> moves = new List<Move>(2);
```

14. 定义用于保存两个可能的横向走子的变量：

```
int[] moveX = new int[] { -1, 1 };
```

15. 定义用于根据棋子的颜色保存纵向走子的变量：

```
int moveY = 1;
if (color == PieceColor.BLACK)
    moveY = -1;
```

16. 实现循环，用于遍历可选择的走法并返回可用的走法，在下一步中实现循环体：

```
foreach (int mX in moveX)
{
    // 这里是下面的步骤
}
return moves;
```

17. 声明两个变量，用于计算要考虑的下一个位置：

```
int nextX = x + mX;
int nextY = y + moveY;
```

18. 检查走子是否有可能超出棋盘边界：

```
if (!IsMoveInBounds(nextX, y, ref board))
    continue;
```

19. 如果走子被一个同样颜色的棋子挡住，则继续寻找下一个备选项：

```
PieceDraughts p = board[moveY, nextX];
if (p != null && p.color == color)
    continue;
```

20. 创建一个要添加进列表的新走法：

```
MoveDraughts m = new MoveDraughts();
m.piece = this;
```

21. 如果有位置可走，则创建一个简单的走法：

```
if (p == null)
{
    m.x = nextX;
    m.y = nextY;
}
```

22. 否则，检查棋子是否会被杀死，并相应地修改走法：

```
else
{
    int hopX = nextX + mX;
    int hopY = nextY + moveY;
    if (!IsMoveInBounds(hopX, hopY, ref board))
        continue;
    if (board[hopY, hopX] != null)
        continue;
    m.y = hopX;
    m.x = hopY;
    m.success = true;
    m.removeX = nextX;
    m.removeY = nextY;
}
```

23. 向走法列表中添加走法：

```
moves.Add(m);
```

24. 开始实现用于获取当棋子是王（King）时可用的走法的函数：

```
private List<Move> GetMovesKing(ref PieceDraughts[,] board)
{
    // 这里是下面的步骤
}
```

25. 声明用于保存可能的走法的列表：

```
List<Move> moves = new List<Move>();
```

26. 创建变量，用于搜索 4 个方向：

```
int[] moveX = new int[] { -1, 1 };
int[] moveY = new int[] { -1, 1 };
```

27. 开始实现循环，用于检查所有可能的走法，并获取这些走法。下一步将实现内循环的逻辑：

```
foreach (int mY in moveY)
{
    foreach (int mX in moveX)
    {
        // 这里是下面的步骤
    }
}
return moves;
```

28. 创建用于检测走法和前进的变量：

```
int nowX = x + mX;
int nowY = y + mY;
```

29. 创建一个循环，用于计算到达棋盘边界时要去的方向：

```
while (IsMoveInBounds(nowX, nowY, ref board))
{
    // 这里是下面的步骤
}
```

30. 获取位置的棋子的引用：

```
PieceDraughts p = board[nowY, nowX];
```

31. 如果是同色的棋子，则不再继续向前：

```
if (p != null && p.color == color)
    break;
```

32. 定义一个变量，用于创建新的可用走法：

```
MoveDraughts m = new MoveDraughts();
m.piece = this;
```

33. 如果这个位置可以走，则创建一个简单的走法：

```
if (p == null)
{
    m.x = nowX;
    m.y = nowY;
}
```

34. 否则，检查棋子是否会被杀死，并相应地修改走法：

```
else
{
    int hopX = nowX + mX;
    int hopY = nowY + mY;
    if (!IsMoveInBounds(hopX, hopY, ref board))
        break;
    m.success = true;
    m.x = hopX;
    m.y = hopY;
    m.removeX = nowX;
    m.removeY = nowY;
}
```

35. 将走法添加到列表中并向当前方向推进一步：

```
moves.Add(m);
nowX += mX;
nowY += mY;
```

36. 在新文件中创建一个新类，命名为 BoardDraughts：

```
using UnityEngine;
using System.Collections;
using System.Collections.Generic;

public class BoardDraughts : Board
{
    public int size = 8;
    public int numPieces = 12;
    public GameObject prefab;
    protected PieceDraughts[,] board;
}
```

37. 实现 Awake 函数：

```
void Awake()
{
    board = new PieceDraughts[size, size];
}
```

38. 开始实现 Start 函数。一定要注意，根据你的游戏的空间表示方式的不同，区别可能很大：

```
void Start()
{
    // TODO
    // 赋初值以及初始化棋盘
    // 实现可能千差万别

    // 这里是下面的步骤
}
```

39. 如果模板对象没有附加 PieceDraught 脚本，则抛出错误信息：

```
PieceDraughts pd = prefab.GetComponent<PieceDraughts>();
if (pd == null)
{
    Debug.LogError("No PieceDraught component detected");
    return;
}
```

40. 添加迭代器变量：

```
int i;
int j;
```

41. 实现用于放置白色棋子的循环：

```
int piecesLeft = numPieces;
for (i = 0; i < size; i++)
```

```
{
    if (piecesLeft == 0)
        break;
    int init = 0;
    if (i % 2 != 0)
        init = 1;
    for (j = init; j < size; j+=2)
    {
        if (piecesLeft == 0)
            break;
        PlacePiece(j, i);
        piecesLeft--;
    }
}
```

42. 实现用于放置黑色棋子的循环：

```
piecesLeft = numPieces;
for (i = size - 1; i >= 0; i--)
{
    if (piecesLeft == 0)
        break;
    int init = 0;
    if (i % 2 != 0)
        init = 1;
    for (j = init; j < size; j+=2)
    {
        if (piecesLeft == 0)
            break;
        PlacePiece(j, i);
        piecesLeft--;
    }
}
```

43. 实现用于放置一个特定棋子的函数，根据显示方式逻辑可能会不同：

```
private void PlacePiece(int x, int y)
{
    // TODO
    // 根据摆放的空间实现你自己的代码
    Vector3 pos = new Vector3();
    pos.x = (float)x;
    pos.y = -(float)y;
    GameObject go = GameObject.Instantiate(prefab);
    go.transform.position = pos;
    PieceDraughts p = go.GetComponent<PieceDraughts>();
    p.Setup(x, y, color);
    board[y, x] = p;
}
```

44. 实现不带参数的 Evaluate 函数：

```
public override float Evaluate()
{
    PieceColor color = PieceColor.WHITE;
    if (player == 1)
        color = PieceColor.BLACK;
```

```
    return Evaluate(color);
}
```

45. 实现带一个参数的 Evaluate 函数：

```
public override float Evaluate(int player)
{
    PieceColor color = PieceColor.WHITE;
    if (player == 1)
        color = PieceColor.BLACK;
    return Evaluate(color);
}
```

46. 实现用于计算的通用函数：

```
private float Evaluate(PieceColor color)
{
    // 这里是下面的步骤
}
```

47. 定义用于保存计算与设定点位的变量：

```
float eval = 1f;
float pointSimple = 1f;
float pointSuccess = 5f;
```

48. 创建用于保存棋盘边界的变量：

```
int rows = board.GetLength(0);
int cols = board.GetLength(1);
```

49. 定义用于迭代的变量：

```
int i;
int j;
```

50. 遍历棋盘，查找可用的走法和可以杀敌的步骤：

```
for (i = 0; i < rows; i++)
{
    for (j = 0; j < cols; j++)
    {
        PieceDraughts p = board[i, j];
        if (p == null)
            continue;
        if (p.color != color)
            continue;
        Move[] moves = p.GetMoves(ref board);
        foreach (Move mv in moves)
        {
            MoveDraughts m = (MoveDraughts)mv;
            if (m.success)
                eval += pointSuccess;
            else
                eval += pointSimple;
        }
    }
}
```

51. 获取计算结果值：

```
return eval;
```

52. 开始编写用于计算棋盘可用走法的函数：

```
public override Move[] GetMoves()
{
    // 这里是下面的步骤
}
```

53. 定义变量，用于保存走法和棋盘边界，以及迭代：

```
List<Move> moves = new List<Move>();
int rows = board.GetLength(0);
int cols = board.GetLength(1);
int i;
int j;
```

54. 获取棋盘上所有可用的棋子的走法：

```
for (i = 0; i < rows; i++)
{
    for (j = 0; i < cols; j++)
    {
        PieceDraughts p = board[i, j];
        if (p == null)
            continue;
        moves.AddRange(p.GetMoves(ref board));
    }
}
```

55. 返回找到的走法：

```
return moves.ToArray();
```

运行原理

这个棋盘与上一节的棋盘的原理类似，但是由于游戏规则的不同，因而有更复杂的流程。走子被放进棋子的走法列表中，那么创建级联效应就必须要小心操作。根据每个棋子的颜色和类型，棋子有两种走子方式。

我们会发现，上层规则是相同的，需要多一点耐心和思考才能开发出优秀的计算函数和过程，用于获取棋盘上的可用走法。

延伸阅读

Evaluate 函数离完美还差得远。我们仅仅基于可用走法的数量和杀死对手棋子的数量实现了一个启发式算法，留有一些改进的空间，以避免这次走子的棋子可能被对手下次走子而杀死。

另外，我们应该对 BoardDraughts 类中的 PlacePiece 函数做一些修改。我们实现的直接方法可能不适合你游戏中的空间坐标的初始化。

7.9　用 UCB1 实现石头剪刀布 AI

石头剪刀布是一个用于测试 AI 技术的经典游戏，这也是为什么把它放在本节和下一节中。我们将实现叫作**老虎机算法**（bandit algorithm），它基于对多臂老虎机算法的研究。该算法通常用于老虎机建模，但是我们要把它当作一个 RPS 玩家来研究。主要的思路是选择获取更好的报酬的步骤。

本节中，我们将学习 UCB1 算法及其原理。

准备工作

首先实现一个数据结构用于定义行动：

```
public enum RPSAction
{
    Rock, Paper, Scissors
}
```

操作步骤

我们将实现一个 Bandit 类，用于构建算法背后的逻辑：

1. 创建一个新类，命名为 Bandit：

```
using UnityEngine;

public class Bandit : MonoBehaviour
{
    // next steps
}
```

2. 定义要用到的变量：

```
bool init;
int totalActions;
int[] count;
float[] score;
int numActions;
RPSAction lastAction;
int lastStrategy;
```

3. 定义函数，用于初始化 UCB1 算法：

```
public void InitUCB1()
{
    if (init)
        return;
    // next step
}
```

4. 定义局部变量，并初始化：

```
totalActions = 0;
numActions = System.Enum.GetNames(typeof(RPSAction)).Length;
count = new int[numActions];
score = new float[numActions];
int i;
for (i = 0; i < numActions; i++)
{
  count[i] = 0;
  score[i] = 0f;
}
init = true;
```

5. 定义函数，用于计算 agent 的下一步行动：

```
public RPSAction GetNextActionUCB1()
{
  // next steps
}
```

6. 定义要用到的局部变量：

```
int i, best;
float bestScore;
float tempScore;
InitUCB1();
```

7. 检查可用的行动数量，如果某个行动不会被发现，则返回它：

```
for (i = 0; i < numActions; i++)
{
  if (count[i] == 0)
  {
    lastStrategy = i;
    lastAction = GetActionForStrategy((RPSAction)i);
    return lastAction;
  }
}
```

8. 初始化变量，用于计算最佳得分：

```
best = 0;
bestScore = score[best]/(float)count[best];
float input = Mathf.Log(totalActions/(float)count[best]);
input *= 2f;
bestScore += Mathf.Sqrt(input);
```

9. 检查所有可用的行动：

```
for (i = 0; i < numActions; i++)
{
  // next step
}
```

10. 计算最佳得分：

```
tempScore = score[i]/(float)count[i];
```

```
input = Mathf.Log(totalActions/(float)count[best]);
input *= 2f;
tempScore = Mathf.Sqrt(input);
if (tempScore > bestScore)
{
  best =i;
  bestScore = tempScore;
}
```

11. 返回最佳行动：

```
lastStrategy = best;
lastAction = GetActionForStrategy((RPSAction)best);
return lastAction;
```

12. 定义函数，用于获取对初始行动作出的最佳响应：

```
public RPSAction GetActionForStrategy(RPSAction strategy)
{
  RPSAction action;
  // next steps
}
```

13. 实现游戏的基本规则：

```
switch (strategy)
{
  default:
  case RPSAction.Paper:
    action = RPSAction.Scissors;
    break;
  case RPSAction.Rock:
    action = RPSAction.Paper;
    break;
  case RPSAction.Scissors:
    action = RPSAction.Rock;
    break;
}
```

14. 返回最佳行动：

```
return action;
```

15. 定义成员函数，基于对方的行动，计算行动是否有用。代码开头是这样的：

```
public float GetUtility(RPSAction myAction, RPSAction opponents)
{
  float utility = 0f;
  // next steps
}
```

16. 检查对方玩家是否已经出布：

```
if (opponents == RPSAction.Paper)
{
  if (myAction == RPSAction.Rock)
    utility = -1f;
  else if (myAction == RPSAction.Scissors)
```

```
    utility = 1f;
}
```

17. 检查对方玩家是否已经出石头：

```
else if (opponents == RPSAction.Rock)
{
  if (myAction == RPSAction.Paper)
    utility = 1f;
  else if (myAction == RPSAction.Scissors)
    utility = -1f;
}
```

18. 检查对方玩家是否已经出剪刀：

```
else
{
  if (myAction == RPSAction.Rock)
    utility = -1f;
  else if (myAction == RPSAction.Paper)
    utility = 1f;
}
```

19. 返回作用值：

```
return utility;
```

运行原理

我们用伪探测算法实现了本节的功能，然后保存了行动后的报酬。该方法首先测试每个行动，然后使用 UCB1 算法中的方程式出招。这足够有挑战性，同时也是会输的，因为算法采用不同的选择——所以对于玩家来说，创建更好的变化手段可以改进技巧，或者说运气。

延伸阅读

我们需要一个函数用于处理游戏中所有的行动并且从对手了解行动的算法。在本例中，玩家的行动如下所示：

```
public void TellOpponentAction(RPSAction action)
{
  totalActions++;
  float utility;
  utility = GetUtility(lastAction, action);
  score[(int)lastAction] += utility;
  count[(int)lastAction] += 1;
}
```

更多参考

关于 UCB1 算法的更多原理，请参考 ProfNathan Sturtevant 的文章，网址是：

```
https://www.movingai.com/gdc14/
```

7.10　实现无悔匹配算法

继续老虎机算法，我们将对 UCB1 算法做一些改进，叫作无悔匹配。我们将使用石头剪刀步中的同样案例，但是也可以用于其他类型的游戏，比如战斗游戏。

准备工作

阅读上一节并考虑成员变量和数据结构很重要，上一节中成员函数与本节算法并不相关，因为本节中我们要实现不同的函数，但仍然基于上一节中的知识点。

操作步骤

我们将在之前创建的 Bandit 类中实现下面的代码：

1. 定义要用到的变量：

```
float initialRegret = 10f;
float[] regret;
float[] chance;
RPSAction lastOpponentAction;
RPSAction[] lastActionRM;
```

2. 定义用于初始化的成员函数：

```
public void InitRegretMatching()
{
  if (init)
    return;
  // next steps
}
```

3. 声明局部变量并初始化：

```
numActions = System.Enum.GetNames(typeof(RPSAction)).Length;
regret = new float[numActions];
chance = new float[numActions];
int i;
for (i = 0; i < numActions; i++)
{
  regret[i] = initialRegret;
  chance[i] = 0f;
}
init = true;
```

4. 定义成员函数，用于计算下一步的行动：

```
public RPSAction GetNextActionRM()
{
  // next steps
}
```

5. 声明局部变量，并调用初始化函数：

```
float sum = 0f;
float prob = 0f;
int i;
InitRegretMatching();
```

6. 查找所有可能的走子，并保存要采取的行动：

```
for (i = 0; i < numActions; i++)
{
    lastActionRM[i] = GetActionForStrategy((RPSAction)i);
}
```

7. 计算所有后悔值的总和：

```
for (i = 0; i < numActions; i++)
{
  if (regret[i] > 0f)
    sum += regret[i];
}
```

8. 如果总和值小于或等于 0，则返回一个随机的行动：

```
if (sum <= 0f)
{
    lastAction = (RPSAction)Random.Range(0, numActions);
    return lastAction;
}
```

9. 查找运行的集合，并计算反悔这些行动的概率总和：

```
for (i = 0; i < numActions; i++)
{
 chance[i] = 0f;
  if (regret[i] > 0f)
    chance[i] = regret[i];
  if (i > 0)
    chance[i] += chance[i-1];
}
```

10. 计算随机概率，并将其与要采取行动的概率进行比较，返回第一个大于计算出的概率的行动：

```
prob = Random.value;
for (i = 0; i < numActions; i++)
{
  if (prob < chance[i])
  {
    lastStrategy = i;
    lastAction = lastActionRM[i];
    return lastAction;
  }
}
```

11. 如果找不到，则返回最后的行动：

```
return (RPSAction)(numActions-1)
```

运行原理

我们查找可能的走法并计算采取这种走法的收益。一旦采取了其中某些行动，算法基于随机事件调整并获取行动。然而，我们要根据对手的走法采取行动。

延伸阅读

不仅定义和均衡策略很重要，追踪对手的行动也同样重要，这也是什么我们需要实现一个成员函数，以便将它们添加到行动到之前讨论的混合算法中：

```
public void TellOpponentActionRM(RPSAction action)
{
  lastOpponentAction = action;
  int i;
  for (i = 0; i < numActions; i++)
  {
    regret[i] += GetUtility((RPSAction)lastActionRM[i], (RPSAction)action);
    regret[i] -= GetUtility((RPSAction)lastAction, (RPSAction) action);
  }
}
```

最后，要在策略和工具函数间做权衡。对于石头剪刀布来说这很简单，但是它可能会像我们的游戏一样复杂。

更多参考

关于 UCB1 算法的更多原理，请参考 Prof Nathan Sturtevant 的文章，网址是：
https://www.movingai.com/gdc14/

Chapter 8 第 8 章

机器学习

本章中，我们将通过下面的话题探索机器学习的世界：

❑ 使用 N-Gram（N 元语法）预测器预测行动

❑ 改进预测器：分层的 N 元语法（Hierarchical N-Gram）

❑ 学习使用朴素贝叶斯分类器（Naïve Bayes classifier）

❑ 实现强化学习（reinforcement Learning）

❑ 实现人工神经网络

8.1　简介

在本章中，我们将探索机器学习的领域。这是一个非常宽泛且固有的领域，即使在 3A 游戏中也很难实现，因为这项技术需要大量的时间去优化和试验。

然而，本章中包含的方法将成为我们努力学习并把机器学习技术应用到游戏中的良好开端。这些方法有几种不同的使用途径，而我们通常用得最多的一项功能是难度调整。

最后，建议你阅读更多关于本主题的正式书籍来补充这几个方法，以便在本章之外能够在理论上有所深入。

8.2　使用 N 元语法预测器预测行动

预测行动是一种很棒的方法，通过从随机选择到基于过去的行动选择，给玩家带来挑战。其中一种实现机器学习的方式是通过使用概率来预测玩家下一步将要做什么，这也就是N 元语法预测器要做的工作。

要预测玩家的下一次行动，根据之前 *n* 次出子的所有出子组合，N 元语法预测器计算做某个特定决策（通常是一次出子）的概率值。

准备工作

本节要用到泛型。建议至少对它的原理有些基本的了解，因为这对于我们驾驭泛型相当重要。

第一件要做的事情是实现一个数据类型，用于保存行动和它们的概率，命名为 KeyData Record。

KeyDataRecord.cs 文件如下所示：

```
using System.Collections;
using System.Collections.Generic;

public class KeyDataRecord<T>
{
    public Dictionary<T, int> counts;
    public int total;
    public KeyDataRecord()
    {
        counts = new Dictionary<T, int>();
    }
}
```

操作步骤

构建 N 元语法预测器的过程被划分为 5 个大的步骤，如下所示：

1. 创建一个与文件名相同的通用类：

```
using System.Collections;
using System.Collections.Generic;
using System.Text;

public class NGramPredictor<T>
{
    private int nValue;
    private Dictionary<string, KeyDataRecord<T>> data;
}
```

2. 实现用于初始化成员变量的构造函数：

```
public NGramPredictor(int windowSize)
{
    nValue = windowSize + 1;
    data = new Dictionary<string, KeyDataRecord<T>>();
}
```

3. 实现把一组行动转换成字符串键值的静态函数：

```
public static string ArrToStrKey(ref T[] actions)
{
    StringBuilder builder = new StringBuilder();
    foreach (T a in actions)
    {
        builder.Append(a.ToString());
    }
    return builder.ToString();
}
```

4. 定义用于记录一个序列的集合的函数：

```
public void RegisterSequence(T[] actions)
{
    string key = ArrToStrKey(ref actions);
    T val = actions[nValue - 1];
    if (!data.ContainsKey(key))
        data[key] = new KeyDataRecord<T>();
    KeyDataRecord<T> kdr = data[key];
    if (kdr.counts.ContainsKey(val))
        kdr.counts[val] = 0;
    kdr.counts[val]++;
    kdr.total++;
}
```

5. 实现用于计算预测要采取的最佳行动的函数：

```
public T GetMostLikely(T[] actions)
{
    string key = ArrToStrKey(ref actions);
    KeyDataRecord<T> kdr = data[key];
    int highestVal = 0;
    T bestAction = default(T);
    foreach (KeyValuePair<T,int> kvp in kdr.counts)
    {
        if (kvp.Value > highestVal)
        {
            bestAction = kvp.Key;
            highestVal = kvp.Value;
        }
    }
    return bestAction;
}
```

运行原理

预测器根据搜索窗口的大小记录了一组行动（记录这些行动是为了做预测）并给它们分配一个结果值。例如，有一个大小是 3 的搜索窗口，前 3 个就会作为一个键值保存，以预测接下来的第 4 个行动。

根据之前的行动，预测函数计算出某个行动有多大可能会是接下来的行动。记录的行动越多，则预测会越准确（有一些限制）。

延伸阅读

要注意考虑类型 T 的对象必须以一种可接受的方式重写 ToString 函数和 Equals 函数，以便让它作为内部字典中的索引正确运行。

8.3　改进预测器：分层的 N 元语法

N 元语法预测器可以通过一个管理器进行改进，这个管理器还带有几个范围从 1 到 *n* 的预测器，然后通过比较几个预测器中的最佳猜想后获得最有可能的行动。

准备工作

我们需要在实现分层 N 元语法预测器之前先做一些调整。

把下面的成员函数添加到 NGramPredictor 类中：

```
public int GetActionsNum(ref T[] actions)
{
    string key = ArrToStrKey(ref actions);
    if (!data.ContainsKey(key))
        return 0;
    return data[key].total;
}
```

操作步骤

与 N 元语法预测器一样，构建分层版本的 N 元语法预测器也需要几个步骤：

1. 创建新类：

```
using System;
using System.Collections;
using System.Text;

public class HierarchicalNGramP<T>
{
    public int threshold;
    public NGramPredictor<T>[] predictors;
    private int nValue;
}
```

2. 实现用于初始化成员值的构造函数：

```
public HierarchicalNGramP(int windowSize)
{
    nValue = windowSize + 1;
    predictors = new NGramPredictor<T>[nValue];
    int i;
    for (i = 0; i < nValue; i++)
        predictors[i] = new NGramPredictor<T>(i + 1);
}
```

3. 定义用于记录一个序列的函数，就像 8.2 节中的前身那样：

```
public void RegisterSequence(T[] actions)
{
    int i;
    for (i = 0; i < nValue; i++)
    {
        T[] subactions = new T[i+1];
        Array.Copy(actions, nValue - i - 1, subactions, 0, i+1);
        predictors[i].RegisterSequence(subactions);
    }
}
```

4. 实现用于计算预测值的函数：

```
public T GetMostLikely(T[] actions)
{
    int i;
    T bestAction = default(T);
    for (i = 0; i < nValue; i++)
    {
        NGramPredictor<T> p;
        p = predictors[nValue - i - 1];
        T[] subactions = new T[i + 1];
        Array.Copy(actions, nValue - i - 1, subactions, 0, i + 1);
        int numActions = p.GetActionsNum(ref actions);
        if (numActions > threshold)
            bestAction = p.GetMostLikely(actions);
    }
    return bestAction;
}
```

运行原理

分层 N 元语法预测器的原理几乎与 8.2 节中的一样，不同之处在于它有一组预测器，并且使用其子预测器计算出每个主函数的值。每个预测器通过分解集合中可用的行动，然后记录序列或者找出最可能的潜在行动，再把这些行动填充到子预测器中。

8.4 学习使用朴素贝叶斯分类器

人类都不一定能很容易地发现两个集合之间的关系。解决这个问题的一种方式是把值的一个集合进行分类后再试一次，而这就是分类算法派上用场的地方。

朴素贝叶斯分类器是用于给问题实例设定标签的预测算法，分类器运用概率和贝叶斯理论，在要进行分析的变量之间有强独立性假设。贝叶斯分类器的一个重要优点是可扩展性。

准备工作

因为构建一个通用的分类器很难，所以我们假设输入值是用正和负做标签的样本数据。

所以，第一件事是定义标签，分类器使用名为 NBCLabel 的枚举数据结构贴标签：

```
public enum NBCLabel
{
    POSITIVE,
    NEGATIVE
}
```

操作步骤

我们要构建的分类器只需要 5 步：

1. 创建类及其成员变量：

```
using UnityEngine;
using System.Collections;
using System.Collections.Generic;

public class NaiveBayesClassifier : MonoBehaviour
{
    public int numAttributes;
    public int numExamplesPositive;
    public int numExamplesNegative;

    public List<bool> attrCountPositive;
    public List<bool> attrCountNegative;
}
```

2. 定义 Awake 方法，用于初始化：

```
void Awake()
{
    attrCountPositive = new List<bool>();
    attrCountNegative = new List<bool>();
}
```

3. 实现用于更新分类器的函数：

```
public void UpdateClassifier(bool[] attributes, NBCLabel label)
{
    if (label == NBCLabel.POSITIVE)
    {
        numExamplesPositive++;
        attrCountPositive.AddRange(attributes);
    }
    else
    {
        numExamplesNegative++;
        attrCountNegative.AddRange(attributes);
    }
}
```

4. 定义用于计算朴素（Naïve）概率的函数：

```
public float NaiveProbabilities(
        ref bool[] attributes,
```

```
        bool[] counts,
        float m,
        float n)
{
    float prior = m / (m + n);
    float p = 1f;
    int i = 0;
    for (i = 0; i < numAttributes; i++)
    {
        p /= m;
        if (attributes[i] == true)
            p *= counts[i].GetHashCode();
        else
            p *= m - counts[i].GetHashCode();
    }
    return prior * p;
}
```

5. 实现用于预测的函数：

```
public bool Predict(bool[] attributes)
{
    float nep = numExamplesPositive;
    float nen = numExamplesNegative;
    float x = NaiveProbabilities(ref attributes,
attrCountPositive.ToArray(), nep, nen);
    float y = NaiveProbabilities(ref attributes,
attrCountNegative.ToArray(), nen, nep);
    if (x >= y)
        return true;
    return false;
}
```

运行原理

UpdateClassifier 函数取得样本的输入值并保存。这是第一个被调用的函数。NaiveProbabilities 函数是负责计算预测函数工作的概率的函数。最后，Predict 函数是第二个被我们调用的函数，目的是取得分类结果。

8.5 实现强化学习

假设我们需要设计出一个敌人，随着玩家在游戏中的剧情进展以及他们的模式发生变化时，这个敌人需要采取不同的行动，或者需要设计一款游戏，游戏中训练不同类型的有自由意志的宠物。

对于这些类型的任务，有一系列基于经验的建模学习技术。其中一个算法是 Q-learning，在本节中将会实现它。

准备工作

在深入算法之前，需要实现几个数据结构，一个用于游戏状态的结构，另一个用于游戏行动，还有一个类用于定义问题的实例。可以把这几个数据结构和类放在同一个文件中。

下面是一个数据结构示例，用于定义游戏状态：

```
public struct GameState
{
    // TODO
    // 在这里定义你的状态
}
```

下面是一个数据结构示例，用于定义游戏行动：

```
public struct GameAction
{
    // TODO
    // 在这里定义你的行动
}
```

最后，我们要构建用于定义一个问题实例的数据类型：

1. 创建文件和类：

```
public class ReinforcementProblem
{
}
```

2. 定义一个用于获取随机状态的虚函数。函数逻辑取决于我们正在开发的游戏类型，就游戏的当前状态而言，我们倾向于使用随机状态：

```
public virtual GameState GetRandomState()
{
    // TODO
    // 在这里定义你的行为
    return new GameState();
}
```

3. 定义一个虚函数，用于根据游戏状态获取所有可用的行动：

```
public virtual GameAction[] GetAvailableActions(GameState s)
{
    // TODO
    // 定义你的行为
    return new GameAction[0];
}
```

4. 定义一个虚函数，用于执行行动，然后获取作为结果的状态和奖励：

```
public virtual GameState TakeAction(
        GameState s,
        GameAction a,
        ref float reward)
{
    // TODO
    // 定义你的行为
    reward = 0f;
    return new GameState();
}
```

操作步骤

我们要实现两个类：第一个类把值保存在一个字典中，用于学习；第二个类实际上负责实现 Q-leanring 算法。用下面的步骤创建这两个类：

1. 创建 QValueStore 类：

```
using UnityEngine;
using System.Collections.Generic;

public class QValueStore : MonoBehaviour
{
    private Dictionary<GameState, Dictionary<GameAction, float>>
store;
}
```

2. 实现构造函数：

```
public QValueStore()
{
    store = new Dictionary<GameState, Dictionary<GameAction,
float>>();
}
```

3. 定义用于在一个游戏状态中执行某个行动后获取结果值的函数。小心地操作这个函数，要考虑到行动不能在某个特别的状态下被执行：

```
public virtual float GetQValue(GameState s, GameAction a)
{
    // TODO: 你的行为代码放在这里
    return 0f;
}
```

4. 实现函数，用于获取在某个状态下要执行的最佳行动：

```
public virtual GameAction GetBestAction(GameState s)
{
    // TODO: 你的行为放在这里
    return new GameAction();
}
```

5. 实现函数：

```
public void StoreQValue(
        GameState s,
        GameAction a,
        float val)
{
    if (!store.ContainsKey(s))
    {
        Dictionary<GameAction, float> d;
        d = new Dictionary<GameAction, float>();
        store.Add(s, d);
    }
    if (!store[s].ContainsKey(a))
    {
        store[s].Add(a, 0f);
```

```
    }
    store[s][a] = val;
}
```

6. 继续创建 QLearning 类，用于运行算法：

```
using UnityEngine;
using System.Collections;

public class QLearning : MonoBehaviour
{
    public QValueStore store;
}
```

7. 定义函数，用于从一个集合中获取随机行动：

```
private GameAction GetRandomAction(GameAction[] actions)
{
    int n = actions.Length;
    return actions[Random.Range(0, n)];
}
```

8. 实现学习函数，建议分成几个步骤。从定义开始，要注意这是一个协程：

```
public IEnumerator Learn(
        ReinforcementProblem problem,
        int numIterations,
        float alpha,
        float gamma,
        float rho,
        float nu)
{
    // 下面的步骤
}
```

9. 验证保存列表是否已经初始化：

```
if (store == null)
    yield break;
```

10. 获取一个随机状态：

```
GameState state = problem.GetRandomState();
for (int i = 0; i < numIterations; i++)
{
    // 下面的步骤
}
```

11. 返回 null，目的是让当前帧继续运行：

```
yield return null;
```

12. 验证随机值的有效性：

```
if (Random.value < nu)
    state = problem.GetRandomState();
```

13. 从当前游戏状态获取可用的行动：

```
GameAction[] actions;
actions = problem.GetAvailableActions(state);
GameAction action;
```

14. 根据探测出的随机值，获取一个行动：

```
if (Random.value < rho)
    action = GetRandomAction(actions);
else
    action = store.GetBestAction(state);
```

15. 计算新的状态，用于执行基于当前状态和作为结果的奖励值上选择的行动：

```
float reward = 0f;
GameState newState;
newState = problem.TakeAction(state, action, ref reward);
```

16. 根据当前游戏状态取得 q 值，然后执行之前计算出新状态的最佳行动：

```
float q = store.GetQValue(state, action);
GameAction bestAction = store.GetBestAction(newState);
float maxQ = store.GetQValue(newState, bestAction);
```

17. 应用 Q-learning 公式：

```
q = (1f - alpha) * q + alpha * (reward + gamma * maxQ);
```

18. 保存计算出的 q 值，将其父值作为索引：

```
store.StoreQValue(state, action, q);
state = newState;
```

运行原理

在 Q-learning 算法中，游戏世界被看作一个状态机，要特别注意这些参数的意义：

❑ alpha：学习率

❑ gamma：打折率

❑ rho：探测的随机性

❑ nu：运行的时间

8.6　实现人工神经网络

假设我们设计一种可以模拟大脑思考方式的敌人或游戏系统，这就是神经网络的运作方式，它们基于神经元（我们称之为感知器（Perceptron）），是几个神经元的总合，它的输入和输出构成了一个神经网络。

在本节中，我们要学习如何构建一个神经系统，从 Perceptron 开始，连接这些感知器，创建一个神经网络。

准备工作

我们需要一个用于处理原始输入的数据类型，命名为 InputPerceptron：

```
public class InputPerceptron
{
    public float input;
    public float weight;
}
```

操作步骤

实现两个大类：第一个类是 Perceptron 数据类型的实现；第二个类是管理神经网络的数据类型。按照下面的步骤实现这两个类：

1. 实现 Perceptron 类，该类继承自之前定义的 InputPerceptron 类：

```
public class Perceptron : InputPerceptron
{
    public InputPerceptron[] inputList;
    public delegate float Threshold(float x);
    public Threshold threshold;
    public float state;
    public float error;
}
```

2. 实现构造函数，用于初始化输入的数量值：

```
public Perceptron(int inputSize)
{
    inputList = new InputPerceptron[inputSize];
}
```

3. 定义用于处理输入值的函数：

```
public void FeedForward()
{
    float sum = 0f;
    foreach (InputPerceptron i in inputList)
    {
        sum += i.input * i.weight;
    }
    state = threshold(sum);
}
```

4. 实现用于调整权重的函数：

```
public void AdjustWeights(float currentError)
{
    int i;
    for (i = 0; i < inputList.Length; i++)
    {
        float deltaWeight;
        deltaWeight = currentError * inputList[i].weight * state;
        inputList[i].weight = deltaWeight;
```

```
        error = currentError;
    }
}
```

5. 定义函数，用于根据输入值的类型返回权重：

```
public float GetIncomingWeight()
{
    foreach (InputPerceptron i in inputList)
    {
        if (i.GetType() == typeof(Perceptron))
            return i.weight;
    }
    return 0f;
}
```

6. 创建将 Perceptron 元素的集合作为一个网络来管理的类：

```
using UnityEngine;
using System.Collections;

public class MLPNetwork : MonoBehaviour
{
    public Perceptron[] inputPer;
    public Perceptron[] hiddenPer;
    public Perceptron[] outputPer;
}
```

7. 实现函数，用于把输入值从神经网络的一端传递到另一端：

```
public void GenerateOutput(Perceptron[] inputs)
{
    int i;
    for (i = 0; i < inputs.Length; i++)
        inputPer[i].state = inputs[i].input;
    for (i = 0; i < hiddenPer.Length; i++)
        hiddenPer[i].FeedForward();
    for (i = 0; i < outputPer.Length; i++)
        outputPer[i].FeedForward();
}
```

8. 定义函数，用于推进实际模拟学习的计算过程：

```
public void BackProp(Perceptron[] outputs)
{
    // 下面的步骤
}
```

9. 遍历输出层，用于计算值：

```
int i;
for (i = 0; i < outputPer.Length; i++)
{
    Perceptron p = outputPer[i];
    float state = p.state;
    float error = state * (1f - state);
    error *= outputs[i].state - state;
    p.AdjustWeights(error);
}
```

10. 遍历内部的 `Perceptron` 层：

```
for (i = 0; i < hiddenPer.Length; i++)
{
    Perceptron p = outputPer[i];
    float state = p.state;
    float sum = 0f;
    for (i = 0; i < outputs.Length; i++)
    {
        float incomingW = outputs[i].GetIncomingWeight();
        sum += incomingW * outputs[i].error;
        float error = state * (1f - state) * sum;
        p.AdjustWeights(error);
    }
}
```

11. 实现一个易用的上层函数：

```
public void Learn(
        Perceptron[] inputs,
        Perceptron[] outputs)
{
    GenerateOutput(inputs);
    BackProp(outputs);
}
```

运行原理

我们实现了两种类型的 `Perceptron`，用于处理外部输入的感知器，以及在内部互相连接的感知器。这就是为什么基础 `Perceptron` 类继承自后者。`FeedForward` 函数处理输入并顺着神经网络冲洗这些输入值。最后，用于反向传播的函数负责调整权重，权重调整是对学习的模拟。

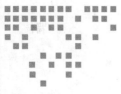

程序化内容生成

本章中，我们将学习用于程序化内容生成的技术，包括以下内容：

❏ 用深度优先搜索创建迷宫
❏ 为地下城和群岛实现可构造算法
❏ 生成风景
❏ 使用 N 元语法生成内容
❏ 用进化算法生成敌人

9.1 简介

我们可以用算法在游戏中定义**程序化内容生成**（PCG）作为内容的生成器，人为参与与否均可。这项技术对于学术界和工业界都是热门话题，而工业界的范围从大型的工作室跨度到小型的独立开发者。PCG 可以用于生成植被、生成高级的细节、创建完整的迷宫和游戏世界供玩家探索，还可以增加游戏的可重玩性和游玩时间。

本章中涵盖的几项不同技术可以作为初探，引导我们在正确的方向上继续深入。

9.2 用深度优先搜索创建迷宫

我们将用创建迷宫的搜索算法作为起点开启程序化内容生成的旅程。我们要使用在第 2 章中学习的基础创建迷宫。

准备工作

我们将使用网格表示图结构，对应地用布尔值表示单元格是否是墙体。

操作步骤

我们将把所有内容包含在一个类中，这个类管理抽象表示，命名中 `DFSDungeon`：

1. 定义 `DFSDungeon` 组件及其成员变量：

```
using UnityEngine;
using System.Collections.Generic;

public class DFSDungeon : MonoBehaviour
{
  public int width;
  public int height;
  public bool[,] dungeon;
  public bool[,] visited;
  private Stack<Vector2> stack;
  private Vector2 current;
  private int size;

  // next steps
}
```

2. 定义初始化函数

```
private void Init()
{
  // next steps
}
```

3. 初始化要用到的变量和随机初始位置：

```
stack = new Stack<Vector2>();
size = width * height;
dungeon = new bool[height, width];
visited = new bool[height, width];
current.x = Random.Range(0, width - 1);
current.y = Random.Range(0, height - 1);
```

4. 把墙体赋值给地下城的每个单元：

```
int i, j;
for (j = 0; j < height; j++)
  for (i = 0; i < width; i++)
    dungeon[j, i] = true;
```

5. 把初始位置插入栈中：

```
stack.Push(current);
i = (int)current.x;
j = (int)current.y;
```

6. 把单元格标记为已访问，然后减小剩余单元格的数量：

```
visited[j, i] = true;
size--;
```

7. 定义成员函数，用于获取单元格周围的 8 个邻接单元：

```
private Vector2[] GetNeighbors(Vector2 node)
{
  // next steps
}
```

8. 初始化要用到的变量，用于定义要遍历的左上角和右下角：

```
List<Vector2> neighbors = new List<Vector2>();
int originX, targetX, originY, targetY;
originX = (int)node.x - 1;
originY = (int)node.y - 1;
targetX = (int)node.x + 1;
targetY = (int)node.y + 1;
int i, j;
```

9. 遍历所有单元格，将有效且可用的单元格添加到邻接列表中：

```
for (j = originY; j < targetY; j++)
{
  if (j < 0 || j >= height)
    continue;
  for (i = originX; i < targetX; i++)
  {
    if (i < 0 || i >= width)
    if (i == node.x && j == node.y)
      continue;
    if (visited[j,i])
      continue;
    neighbors.Add(new Vector2(i, j));
  }
}
```

10. 将邻接列表作为数组返回：

```
return neighbors.ToArray();
```

11. 定义用于构建迷宫的函数：

```
public void Build()
{
  Init();
  // next steps
}
```

12. 遍历剩余位置：

```
while (size > 0)
{
  // next steps
}
```

13. 获取当前单元格的邻接数组：

```
Vector2[] neighbors = GetNeighbors(current);
```

14. 验证邻接数组的数量是否大于 0：

```
if (neighbors.Length > 0)
{
  // next step
}
```

15. 如果大于 0，则将当前单元格添加到栈中：

```
stack.Push(current);
```

16. 选择一个随机邻接单元格，移除当前单元格与邻接单元格之间的墙体：

```
int rand = Random.Range(0, neighbors.Length - 1);
Vector2 n = neighbors[rand];
int i, j;
i = (int)current.y;
j = (int)current.x;
dungeon[j, i] = false;
i = (int)n.y;
j = (int)n.x;
dungeon[j, i] = false;
```

17. 标记邻接点为已遍历：

```
visited[j, i] = true;
current = n;
size--;
```

18. 如果栈中还有元素，则从栈中获取一个新的位置：

```
else if (stack.Count > 0)
  current = stack.Pop();
```

实现原理

我们使用深度优先搜索的原理遍历图结构。原理是这样，使用一个栈保存单元格，然后相应地添加或删除这些单元格。开始时把所有单元格定义为墙体，然后从一个随机位置推倒墙体。重复这个流程直到遍历完整个图。

9.3 为地下城和群岛实现可构造算法

游戏中用得最多的表示游戏世界（除了开放式的游戏世界）的数据结构之一是地下城。本节中，我们将用一种技术创建这两种结构。

准备工作

这项技术简单地使用一个网格图，就像基于深度优先搜索的迷宫构建器使用的网格图一样。然而，我们将尝试用另一种方式展示如何管理划分空间和存储大小。

操作步骤

我们需要创建两个不同的类：一个用于管理节点，另一个用于管理整个树和上层操作。以这个节点文件开始：

1. 创建一个新类，命名为 DungeonNode2D：

```
using UnityEngine;
using System.Collections.Generic;

[System.Serializable]
public class DungeonNode2D
{
  // next steps
}
```

2. 定义成员变量：

```
public Rect area;
public Rect block;
public Dungeon2D root;
public DungeonNode2D left;
public DungeonNode2D right;
protected int depth;
```

3. 实现用于初始化的构造函数：

```
public DungeonNode2D (Rect area, Dungeon2D root, int depth = 0)
{
this.area = area;
this.root = root;
this.depth = depth;
this.root.leaves.Add(this);
if (!this.root.tree.ContainsKey(depth))
  this.root.tree.Add(depth, new List<DungeonNode2D>());
this.root.tree[depth].Add(this);
}
```

4. 实现用于分离节点的成员函数：

```
public void Split(Dungeon2D.Split splitCall)
{
  this.root.leaves.Remove(this);
  Rect[] areas = splitCall(area);
  if (areas == null)
    return;
  left = new DungeonNode2D(areas[0], root, depth + 1);
  right = new DungeonNode2D(areas[1], root, depth + 1);
}
```

5. 实现用于创建区块（可行走的空间或单元格）的成员函数：

```
public void CreateBlock()
{
```

```
block = new Rect();
block.xMin = Random.Range(area.xMin, area.center.x);
block.yMin = Random.Range(area.yMin, area.center.y);
block.xMax = Random.Range(area.center.x, area.xMax);
block.yMax = Random.Range(area.center.y, area.yMax);
}
```

现在编写用于构建地下城的类：

1. 创建一个新类，命名为 Dungeon2D，该类继承自 MonoBehaviour：

```
using UnityEngine;
using System.Collections.Generic;

public class Dungeon2D : MonoBehaviour
{
    // next steps
}
```

2. 定义要用到的成员变量：

```
public float minAcceptSize;
public Rect area;
public Dictionary<int, List<DungeonNode2D>> tree;
public HashSet<DungeonNode2D> leaves;
public delegate Rect[] Split(Rect area);
public Split splitCall;
public DungeonNode2D root;
```

3. 实现用于初始化的成员函数：

```
public void Init()
{
    leaves.Clear();
    tree.Clear();
    if (splitCall == null)
        splitCall = SplitNode;
    root = new DungeonNode2D(area, this);
}
```

4. 实现用于构建地下城的成员函数：

```
public void Build()
{
    root.Split(splitCall);
    foreach (DungeonNode2D node in leaves)
        node.CreateBlock();
}
```

5. 实现 Awake 函数，用于实例化保存叶子节点和分支节点的对象：

```
private void Awake()
{
    tree = new Dictionary<int, List<DungeonNode2D>>();
    leaves = new HashSet<DungeonNode2D>();
}
```

6. 定义默认的成员函数用于分离节点：

```
public Rect[] SplitNode(Rect area)
{
  // next steps
}
```

7. 初始化要用到的变量：

```
Rect[] areas = null;
DungeonNode2D[] children = null;
```

8. 检查区域的宽或高是否小于最小值，如果小于，则返回区域本身：

```
float value = Mathf.Min(area.width, area.height);
if (value < minAcceptSize)
  return areas;
```

9. 检查宽和高哪个值更大：

```
areas = new Rect[2];
bool isHeightMax = area.height > area.width;
float half;
```

10. 如果高的值大于最大值，则拆分高度值：

```
if (isHeightMax)
{
  half = area.height/2f;
  areas[0] = new Rect(area);
  areas[0].height = half;
  areas[1] = new Rect(area);
  areas[1].y = areas[0].y + areas[0].height;
}
```

11. 如果宽的值大于最大值，则拆分宽度值：

```
else
{
  half = area.width/2f;
  areas[0] = new Rect(area);
  areas[0].width = half;
  areas[1] = new Rect(area);
  areas[1].x = areas[0].x + areas[0].width;
}
```

12. 返回用于新节点的区域：

```
return areas;
```

实现原理

我们使用一项叫作**二叉空间分割**（BSP）的技术，节点与定义的分割函数是核心。

另外，我们使用主要的组件驱动所有上层函数。由于分割是递归发生的，我们只需要注意用于基本条件和递归条件的分割函数，然后创建区块之间的连接。

延伸阅读

把实现的分割函数作为一个代理，我们可以实现一个我们认为合适的新函数，并指定给地下城构建器，从而改进和调优 BSP。

比如，可以用自己实现的分割函数，它不二分分割，而是用一个把二分值作为轴的随机值。

更多参考

关于可构建算法的更多深层原理，请参考下面的材料：

❏ *Procedural Content Generation in Games*: *A textbook and an overview of current research*, Noor Shaker, Julian Togelius 和 Mark J Nelson(2016). Springer. ISBN 978-3-319-42714-0.（http://pcgbook.com）

9.4　生成风景

除了地下城和迷宫，风景也是内容生成的一件大事，其实这也是开放游戏世界的一种方案。有几种生成风景的算法，我们将学习如何实现用于生成风景的方形 – 菱形（Square-Diamond）算法。实事求是地说，这是在创建高程图纹理方面很流行的算法。

准备工作

在本节中，我们将继续使用基于网格的图结构。但是，我们不用来定义墙体，而是定义地形高度。有意思的是这项技术在 2D 和 3D 游戏世界中都可以用。

操作步骤

我们只用一个组件来开发地形生成器。

1. 创建一个新类，命名为 TerrainGenerator：

```
using UnityEngine;

public class TerrainGenerator : MonoBehaviour
{
  // next steps
}
```

2. 定义成员变量，用于控制大小、高度和流程：

```
[Range(3, 101)]
public int size;
[Range(0.1f, 20f)]
public float maxHeight;
protected float[,] terrain;
```

3. 实现初始化函数:

```
public void Init()
{
  if (size % 2 == 0)
    size++;
  terrain = new float[size, size];
  terrain[0, 0] = Random.value;
  terrain[0, size-1] = Random.value;
  terrain[size-1, 0] = Random.value;
  terrain[size-1, size-1] = Random.value;
}
```

4. 定义用于构建地形的函数。这个函数比较长,逻辑在下一步中实现:

```
public void Build()
{
  // next steps
}
```

5. 初始化要用到的变量:

```
int step = size - 1;
float height = maxHeight;
float r = Random.Range(0, height);
```

6. 创建循环,用于遍历整个网格。后面步骤中的代码在这个循环中:

```
for (int sideLength = size-1; sideLength >= 2; sideLength /= 2)
{
  // next steps
}
```

7. 实现方形步骤的循环:

```
// SQUARE
int half = size / 2;
int x, y;
for (y = 0; y < size - 1; y += sideLength)
{
  for (x = 0; x < size -1; x += sideLength)
  {
    // next step
  }
}
```

8. 计算用于方形的角的值:

```
float average = terrain[y,x];
average += terrain[x + sideLength, y];
average += terrain[x, y + sideLength];
average += terrain[x + sideLength, y + sideLength];
average /= 4f;
average += Random.value * 2f * height;
terrain[y + half, x + half] = average;
```

9. 实现菱形步骤的循环:

```
// DIAMOND
for (int j = 0; j < size - 1; j = half)
{
  for (int i = (j + half)%sideLength; i < size - 1; i +=
sideLength)
  {
    // next step
  }
}
```

10. 计算用于菱形的角的值:

```
float average = terrain[(j-half+size)%size, i];
average += terrain[(j+half)%size,i];
average += terrain[j, (i+half)%size];
average += terrain[j,(j-half+size)%size];
average = average + (Random.value * 2f * height) - height;
terrain[j, i] = average;
```

11. 包装边上的值,让边更平滑。这一步是可选的,但是当地形是无限延长时,是值得去做的:

```
if (i == 0)
 terrain[j, size - 1] = average;
if (j == 0)
 terrain[size-1, i] = average;
```

12. 减小高度值:

```
height /= 2f;
```

实现原理

初始化各个角上点的值之后,我们从外部的角出发,随机地向内部扩散。

最关键的是要按部就班地操作,把网格细分成方形和菱形,获取一个与自然风景中找到的相似(在一定程度上)的随机值。

根据游戏的特定需求,优化初始值以得到更好的结果。

9.5 使用 N 元语法生成内容

在第 8 章中,我们学习了 N 元语法作为一个概率性的语言模型如何预测序列中的第 n-1 个元素,以及 N 元语法如何应用于机器学习技术中预测玩家行为。然而,它还可以用于程序化内容生成——通过模仿给定数据集的类型创建新的元素。

本节中,我们将使用 N 元语法的功能,根据给定的数据集,模仿设计器的风格,创建新关卡。

准备工作

回忆一下第 8 章中开发的 N 元语法预测器，基于之前的设计，我们把它作为一个工具用于构建关卡——在这里，要用到的关卡作为主要模型。

操作步骤

我们要开发三个不同的类：用于预制件的组件类、关卡预测器类，以及集合了所有类的关卡生成器类：

`LevelSlice` 组件类用于附加到预制件上：

```
 using UnityEngine;

public class LevelSlice : MonoBehaviour
{
  public string id;

  override public string ToString()
  {
    return id;
  }
}
```

下面是关卡预测器类：

```
public class LevelPredictor : NGramPredictor<LevelSlice>
{
  public LevelPredictor(int windowSize) : base(windowSize)
  {
  }
}
```

最后是关卡生成器类：

```
 using UnityEngine;
using System.Collections.Generic;

public class LevelGenerator : MonoBehaviour
{
  public LevelPredictor predictor;
  public List<LevelSlice> pattern;
  public List<LevelSlice> result;
  private bool isInit;

  private void Start()
  {
    isInit = false;
  }

  public void Init()
  {
    result = new List<LevelSlice>();
    predictor = new LevelPredictor(3);
    predictor.RegisterSequence(pattern.ToArray());
```

```
    }
    public void Build()
    {
      if (isInit)
        return;
      int i;
      for (i = 0; i < pattern.Count - 1; i++)
      {
        LevelSlice slice;
        LevelSlice[] input = pattern.GetRange(0, i + 1).ToArray();
        slice = predictor.GetMostLikely(input);
        result.Add(slice);
      }
    }
  }
```

实现原理

我们在第 8 章中使用了 N 元语法预测器作为本节中关卡预测器的基类。它让我们可以集中精力在上层的逻辑上，让预测器自己工作。

我们有一个初始模型，关卡由预制件组成，附加了 LevelSlice 组件。然后，我们使用这个模型创建风格相似且大小相同的新关卡。

要注意为每个预制件添加一个唯一标识符，以便让代码能够运行。

延伸阅读

我们可以使用这项技术构建一个无限长的跑酷游戏，使用下面的思路：

1. 存储关键关卡（改变游戏世界或者改变难度）。

2. 给当前的关卡构建器指定一个更上层的 director。

3. 用新的关卡替换开始生成的关卡，或者继续使用模型关卡去生成更多关卡，直到游戏结束。

这项技术会在下一节中演示，使用 3 元语法预测器（本节中使用的）就可以了。

更多参考

关于如何使用 N 元语法生成内容的更多信息，以及本节中的使用案例，请参考下面的资源：

❑ *Implementing N-Grams for Player Prediction, Procedural Generation, and Stylized AI*, Joseph Vasquez II.
(http://www.gameaipro.com/GameAIPro/GameAIPro_Chapter48_Implementing_N-Grams_for_Player_Prediction_Proceedural_Generation_and_Stylized_AI.pdf)。

❑ *Linear Levels Through N-Grams*, Dahlskog, Togelius, Nelson.

(http://julian.togelius.com/Dahlskog2014Linear.pdf).

9.6　用进化算法生成敌人

目前为止，我们已经创建了生成拓扑结构的算法，是时候探索另一种要生成的内容了，比如敌人。

本节中，我们将基于玩家很难对付的敌人，使用进化算法创建多波敌人，

准备工作

我们需要为敌人定义一个模板，在下一节中将专注于如何实现主要的进化算法逻辑。在这里，我们将使用一个可序列化的类，命名为 EvolEnemy：

```
using UnityEngine;
using UnityEngine.UI;

[System.Serializable]
public class EvolEnemy
{
  public Sprite sprite;
  public int healthInit;
  public int healthMax;
  public int healthVariance;
}
```

操作步骤

我们将使用两个类：一个是包含进化算法的敌人生成器，另一个是敌人控制器，用于处理前面创建的敌人模板中的实时实例。还需要一些游戏逻辑。

我们需要用 EvolEnemyController 为模板定义控制器类：

1. 创建一个类，命名为 EvolEnemyController：

```
using UnityEngine;
using System;
using System.Collections;

public class EvolEnemyController :
    MonoBehaviour, IComparable<EvolEnemyController>
{
  // next steps
}
```

2. 定义成员函数：

```
public static int counter = 0;
[HideInInspector]
public EvolEnemy template;
public float time;
```

```
protected Vector2 bounds;
protected SpriteRenderer _renderer;
protected BoxCollider2D _collider;
```

3. 实现 IComparable 接口的成员函数：

```
public int CompareTo(EvolEnemyController other)
{
    return other.time > time ? 0 : 1;
}
```

4. 实现初始化函数：

```
public void Init(EvolEnemy template, Vector2 bounds)
{
    this.template = template;
    this.bounds = bounds;
    Revive();
}
```

5. 实现用于复活对象的函数：

```
public void Revive()
{
    gameObject.SetActive(true);
    counter++;
    gameObject.name = "EvolEnemy" + counter;

    Vector3 newPosition = UnityEngine.Random.insideUnitCircle;
    newPosition *= bounds;
    _renderer.sprite = template.sprite;
    _collider = gameObject.AddComponent<BoxCollider2D>();
}
```

6. 实现 Update 函数：

```
private void Update()
{
    if (template == null)
        return;
    time += Time.deltaTime;
}
```

7. 实现单击一次即可击败的敌人：

```
private void OnMouseDown()
{
 Destroy(_collider);
 gameObject.SendMessageUpwards("KillEnemy", this);
}
```

最后，敌人生成器的类：

1. 创建类，命名为 EvolEnemyGenerator：

```
using UnityEngine;
using System.Collections.Generic;
```

```
public class EvolEnemyGenerator : MonoBehaviour
{
  // next
}
```

2. 声明所有要用到的变量：

```
public int mu;
public int lambda;
public int generations;
public GameObject prefab;
public Vector2 prefabBounds;
protected int gen;
private int total;
private int numAlive;
public EvolEnemy[] enemyList;
private List<EvolEnemyController> population;
```

3. 实现 Start 成员函数：

```
private void Start()
{
  Init();
}
```

4. 声明初始化函数：

```
public void Init()
{
  // next steps
}
```

5. 声明内部变量：

```
gen = 0;
total = mu + lambda;
population = new List<EvolEnemyController>();
int i, x;
bool isRandom = total != enemyList.Length;
```

6. 创建初始的敌人或新一波敌人：

```
for (i = 0; i < enemyList.Length; i++)
{
  EvolEnemyController enemy;
  enemy = Instantiate(prefab).GetComponent<EvolEnemyController>();
  enemy.transform.parent = transform;
  EvolEnemy template;
  x = i;
  if (isRandom)
    x = Random.Range(0, enemyList.Length - 1);
  template = enemyList[x];
  enemy.Init(template, prefabBounds);
  population.Add(enemy);
}
```

7. 根据敌军数量，初始化存活敌人的数量：

```
numAlive = population.Count;
```

8. 定义用于创建新一波敌人的函数:

```
public void CreateGeneration()
{
  // next steps
}
```

9. 检查生成的代的数量是否大于我们的限制:

```
if (gen > generations)
  return;
```

10. 按升序排序敌人, 并创建存活敌人的列表:

```
population.Sort();
List<EvolEnemy> templateList = new List<EvolEnemy>();
int i, x;
for (i = mu; i < population.Count; i++)
{
  EvolEnemy template = population[i].template;
  templateList.Add(template);
  population[i].Revive();
}
```

11. 从存活的敌人类型中创建新的敌人:

```
bool isRandom = templateList.Count != mu;
for (i = 0; i < mu; i++)
{
  x = i;
  if (isRandom)
    x = Random.Range(0, templateList.Count - 1);
  population[i].template = templateList[x];
  population[i].Revive();
}
```

12. 增加代数的计数, 重置存活敌人的数量:

```
gen++;
numAlive = population.Count;
```

13. 实现用于杀敌的函数:

```
public void KillEnemy(EvolEnemyController enemy)
{
  enemy.gameObject.SetActive(false);
  numAlive--;
  if (numAlive > 0)
    return;
  Invoke("CreateGeneration", 3f);
}
```

实现原理

EvolEnemy 类作为模板, 用于定义每个敌人的表现。我们用 mu 和 lambda 变量定义敌军数量，随机生成第一波敌人。

然后，每一波敌人被杀死后，评估函数按照战斗力从最差到最好对敌人排序。第一个 mu 数量的敌人被消灭，通过复制存活的人口创建后代，这叫作一代。

当已经创建完我们定义的代数后，算法结束。

延伸阅读

我们把 EvolEnemy 作为基类，定义敌军中的个体，然后用简单的规则对他们进行排序。算法可以通过定义更多复杂的模板表现形式（比如速度、颜色、大小和攻击力）进一步改进。

另外，根据用于阐明算法而创建的例子，敌人控制器从模板分离，就有了更多尝试的余地。然而，这个想法主要是为了提供掌握算法的工具，这样就可以在理解算法后应用在游戏中了。

更多参考

关于遗传算法及其应用于程序化内容生成方面的更多信息，请参考下面的资料：

❑ *Artificial Intelligence: A Modern Approach*, Stuart Russel、Peter Norvig (2010)、Prentice Hall.

❑ *Procedural Content Generation in Games*: *A textbook and an overview of current research*, Noor Shaker、Julian Togelius 和 Mark J Nelson (2016). Springer. ISBN 978-3-319-42714-0. (http://pcgbook.com)

第 10 章 *Chapter 10*

其　他

本章中，你将学习一些不同的技术：

☐ 创建和管理可编写脚本的对象

☐ 更好地处理随机数

☐ 构建空气曲棍球（air-hockey）游戏对手

☐ 实现竞速游戏架构

☐ 使用橡皮筋系统管理竞速难度

10.1　简介

本书最后一章将介绍一些新技术，并使用之前学习的算法创建新的行为，这些行为不适合放进某个确切的分类。本章的目的是享受乐趣以及初探如何通过混合不同的技术来达到不同的目标。

10.2　创建和管理可编写脚本的对象

作为开发者，我们通常需要保存和加载持久化数据。你大概率用过 XML、JSON、CSV 这些文本文件格式。同样地，修改和遍历这些数据也需要占用项目的开发时间。大多数这类数据用于初始化游戏和关卡、敌人，以及整个游戏机制。

而作为 Unity 开发者，我们通过公有的序列化变量驱驭检视（Inspector）窗口的功能。然而，检视窗口还有更多价值，可以把这些值保存到持久化文件中，这也是 ScriptableObject 类存在的原因。在本节中，我们一探究竟。

准备工作

我们把本节内容作为 10.5 的一部分，阐明 ScriptableObject 类的用法。然而，本节内容也有自身的价值。

操作步骤

1. 创建一个新类，命名为 DriverProfile，该类继承自 ScriptableObject 类，代码如下：

```
using UnityEngine;
public class DriverProfile : ScriptableObject
{

}
```

2. 在类的声明之上添加 CreateAssetMenu 指令，代码如下：

```
[CreateAssetMenu(fileName = "DProfile", menuName =
"UAIPC/DriverProfile", order = 0)]
public class DriverProfile : ScriptableObject
```

3. 添加下面的成员变量：

```
[Range(0f, 1f)]
public float skill;
[Range(0f, 1f)]
public float aggression;
[Range(0f, 1f)]
public float control;
[Range(0f, 1f)]
public float mistakes;
```

运行原理

ScriptableObject 抽象类可帮助我们定义文件要保存的内容，然后 CreateAssetMenu 指令帮助我们创建了一个新的资源，这个资源可以被后面的任何脚本随意引用。如图 10-1 所示。

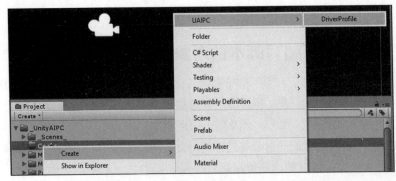

图 10-1

通过这种方式，我们可以如愿改变配置值，而不需要依赖某个游戏对象、场景或预制件，而且可以随时复用。比如，在竞速游戏中，让一组没有特定配置的虚拟驾驶员有同样的配置，如图 10-2 所示：

图 10-3 展示了一个指定了 DriverProfile 的 Agent Driver 组件：

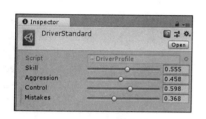

图　10-2　　　　　　　　　　　　　　　图　10-3

延伸阅读

除了创建可插入的配置外，ScriptableObject 类还能节省内存空间。假设我们有一个游戏，该游戏带有几个基础类型（int、float、string）的成员变量，要申请 5MB 的内存。为了说明这个例子，我们定义一个二维数组存储一个大地图，然后我们需要让场景中的每个敌人都可以访问这个地图。

如果有 10 个 agent，我们就要申请 50MB 的内存。然而，如果使用 ScriptableObject 文件实例的引用，我们可以先申请 5 MB 内存用于地图，然后再为 agent 申请一点内存用于持有这些相同对象的引用。

更多参考

关于 ScriptableObject 类的原理及其成员函数的更多信息，请参考下面网址的官方文档：

- https://docs.unity3d.com/Manual/class-ScriptableObject.html
- https://docs.unity3d.com/ScriptReference/ScriptableObject.html

10.3　更好地处理随机数

有某些情况下，我们需要创建随机行为，这些随机行为从轴心点来看差别不大，这个示例就是**瞄准行为**。根据到瞄准点的给定距离，标准化的**随机行为**将会均匀地射击到 x 轴和

y轴。但是我们想让大多数子弹更接近目标，因为这才是我们期待的行为。

大多数随机函数都会返回给定范围内的标准化的值，而这也是所期待的结果。虽然如此，对于游戏开发中的某些功能来说，这样并不是完全有用的，就像之前说过的，我们要实现一个用正态分布取代均匀分布的随机函数，用在我们的游戏中。

准备工作

理解均匀分布与正态分布的区别很重要。在图 10-4 右图中，我们可以看到这种行为的图形化表示，这就是**正态分布**。

在图 10-4 左图，**均匀分布**分布在整个圆中，一般用于通用的随机分布中。然而当开发其他技术（比如枪的瞄准）时，我们更想得到的随机分布是正态分布。

我们拥有的是
均匀分布

我们想要的是
正态分布

图   10-4

操作步骤

构建一个简单的类。

1. 创建 RandomGaussian 类，代码如下：

```
using UnityEngine;

public class RandomGaussian
{
    // 下面的步骤
}
```

2. 定义 RangeAdditive 成员函数，用于初始化必要的成员变量：

```
public static float RangeAdditive(params Vector2[] values)
{
    float sum = 0f;
    int i;
    float min, max;
    // 下面的步骤
}
```

3. 检测参数的数量是否等于 0，如果是，则创建 3 个新的值：

```
if (values.Length == 0)
{
    values = new Vector2[3];
    for (i = 0; i < values.Length; i++)
        values[i] = new Vector2(0f, 1f);
}
```

4. 对这 3 个值求和：

```
for (i = 0; i < values.Length; i++)
{
```

```
        min = values[i].x;
        max = values[i].y;
        sum += Random.Range(min, max);
    }
```

5. 返回作为结果的随机数：

```
return sum;
```

延伸阅读

我们永远都应该讲求效率，因为还有一种方式可以得到相似的结果。在本例中，我们可以基于 Rabin 和其他人提供的解决方案（见后文）实现一个新的成员函数：

```
public static ulong seed = 61829450;
public static float Range()
{
    double sum = 0;
    for (int i = 0; i < 3; i++)
    {
        ulong holdseed = seed;
        seed ^= seed << 13;
        seed ^= seed >> 17;
        seed ^= seed << 5;
        long r = (long)(holdseed * seed);
        sum += r * (1.0 / 0x7FFFFFFFFFFFFFFF);
    }
    return (float)sum;
}
```

其他参考

关于高斯随机生成器与其他高级生成器背后的更多理论，请参阅 Rabin 的书籍 *Game AI Pro* 的第 3 部分。

10.4 构建空气曲棍球游戏对手

空气曲棍球游戏可能是街机时代最受所有年龄段玩家欢迎的游戏之一了。随着触摸屏移动设备的到来，这款游戏在表面上看起来复杂度很低，但是开发该游戏不仅是检测物理引擎的手段，而且是开发智能对手的一种有趣方式。

准备工作

这项技术基于我们在第 1 章中学习的一些算法，比如 Seek、Arrive 和 Leave，以及服务于其他几节中的射线发射的知识，比如平滑路径。

必须要让 agent 使用的击球器游戏对象附加 AgentBehavior、Seek 和 Leave 组件。

另外，请把用作墙体的对象打上标签，也就是包含了盒子碰撞器的那些对象，如图 10-5
所示。

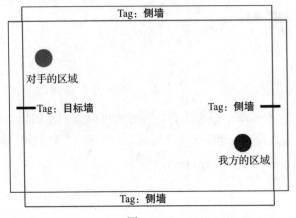

图　10-5

最后，记得创建用于管理对手状态的 enum 类型，代码如下：

```
public enum AHRState
{
    ATTACK,
    DEFEND,
    IDLE
}
```

操作步骤

类的代码较多，请仔细阅读下面这些步骤：

1. 创建用于对手的类：

```
using UnityEngine;
using System.Collections;

public class AirHockeyRival : MonoBehaviour
{
    // 下面的步骤
}
```

2. 声明用于设置及调整的公有变量，代码如下：

```
public GameObject puck;
public GameObject paddle;
public string goalWallTag = "GoalWall";
public string sideWallTag = "SideWall";
[Range(1, 10)]
public int maxHits;
```

3. 声明私有变量：

```
float puckWidth;
Renderer puckMesh;
Rigidbody puckBody;
AgentBehaviour agent;
Seek seek;
Leave leave;
AHRState state;
bool hasAttacked;
```

4. 实现 Awake 成员函数，根据公有变量来初始化私有类：

```
public void Awake()
{
    puckMesh = puck.GetComponent<Renderer>();
    puckBody = puck.GetComponent<Rigidbody>();
    agent = paddle.GetComponent<AgentBehaviour>();
    seek = paddle.GetComponent<Seek>();
    leave = paddle.GetComponent<Leave>();
    puckWidth = puckMesh.bounds.extents.z;
    state = AHRState.IDLE;
    hasAttacked = false;
    if (seek.target == null)
        seek.target = new GameObject();
    if (leave.target == null)
        leave.target = new GameObject();
}
```

5. 声明 Update 成员函数，后面的步骤将定义其函数体：

```
public void Update()
{
    // 下面的步骤
}
```

6. 检查当前状态，调用合适的函数：

```
switch (state)
{
    case AHRState.ATTACK:
        Attack();
        break;
    default:
    case AHRState.IDLE:
        agent.enabled = false;
        break;
    case AHRState.DEFEND:
        Defend();
        break;
}
```

7. 调用这个函数重置撞击小球后的激活状态：

```
AttackReset();
```

8. 实现函数，用于设置外部对象的状态：

```
public void SetState(AHRState newState)
```

```
{
    state = newState;
}
```

9. 实现函数，获取从击球器到小球的距离：

```
private float DistanceToPuck()
{
    Vector3 puckPos = puck.transform.position;
    Vector3 paddlePos = paddle.transform.position;
    return Vector3.Distance(puckPos, paddlePos);
}
```

10. 声明用于攻击的成员函数，后面的步骤将定义其函数体：

```
private void Attack()
{
    if (hasAttacked)
        return;
    // 下面的步骤
}
```

11. 启用 agent 组件并计算到小球的距离：

```
agent.enabled = true;
float dist = DistanceToPuck();
```

12. 检测小球是否在范围内，如果超出范围的话，就跟住它：

```
if (dist > leave.dangerRadius)
{
    Vector3 newPos = puck.transform.position;
    newPos.z = paddle.transform.position.z;
    seek.target.transform.position = newPos;
    seek.enabled = true;
    return;
}
```

13. 如果在范围内，则撞击小球：

```
hasAttacked = true;
seek.enabled = false;
Vector3 paddlePos = paddle.transform.position;
Vector3 puckPos = puck.transform.position;
Vector3 runPos = paddlePos - puckPos;
runPos = runPos.normalized * 0.1f;
runPos += paddle.transform.position;
leave.target.transform.position = runPos;
leave.enabled = true;
```

14. 实现函数，用于重置撞击小球的参数，代码如下：

```
private void AttackReset()
{
    float dist = DistanceToPuck();
    if (hasAttacked && dist < leave.dangerRadius)
        return;
    hasAttacked = false;
```

```
        leave.enabled = false;
    }
```

15. 定义用于防守的函数：

```
private void Defend()
{
    agent.enabled = true;
    seek.enabled = true;
    leave.enabled = false;
    Vector3 puckPos = puckBody.position;
    Vector3 puckVel = puckBody.velocity;
    Vector3 targetPos = Predict(puckPos, puckVel, 0);
    seek.target.transform.position = targetPos;
}
```

16. 实现用于预测小球位置的函数：

```
private Vector3 Predict(Vector3 position, Vector3 velocity, int
numHit)
{
    if (numHit == maxHits)
        return position;
    // 下面的步骤
}
```

17. 根据小球的位置和方向发射一条射线：

```
RaycastHit[] hits = Physics.RaycastAll(position,
velocity.normalized);
RaycastHit hit;
```

18. 检测碰撞结果：

```
foreach (RaycastHit h in hits)
{
    string tag = h.collider.tag;
    // 下面的步骤
}
```

19. 检测是否碰撞到目标墙体。这是基线条件：

```
if (tag.Equals(goalWallTag))
{
    position = h.point;
    position += (h.normal * puckWidth);
    return position;
}
```

20. 检测是否碰撞到侧墙。这是递归条件：

```
if (tag.Equals(sideWallTag))
{
    hit = h;
    position = hit.point + (hit.normal * puckWidth);
    Vector3 u = hit.normal;
    u *= Vector3.Dot(velocity, hit.normal);
    Vector3 w = velocity - u;
```

```
        velocity = w - u;
        break;
    }
    // 结束foreach
```

21. 进入递归条件，由 `foreach` 循环完成：

```
return Predict(position, velocity, numHit + 1);
```

运行原理

agent 根据小球的当前速度计算其下一次撞击，直到计算结果是小球撞击 agent 的墙体。该计算结果会给出一个点，让 agent 向这个点移动击球器。另外，当击球器接近小球并向它移动时就变成攻击模式，否则就根据新的距离变成空闲模式或者防守模式。

其他参考

关于移动和行为的更多信息，请参考第 1 章。

10.5 实现竞速游戏架构

开发竞速游戏以及非玩家驾驶员的 AI 非常有意思。因为这可以很简单，也可以很复杂，因为汽车系统与物理引擎联系紧密。然而符合最小需求就可以让游戏运行起来，就可以为非玩家的 agent 开发智能行为。本节中，我们将学习如何为竞速游戏创建一个简单的架构。

准备工作

我们将使用之前开发的驾驶员配置对象，而且也要作为 10.6 节的基础。

操作步骤

先创建控制汽车的接口，这个接口是一个 `MonoBehaviour` 类，包括公有成员，这样玩家和 agent 能够简单无疑地进行交互。

1. 创建一个新文件，命名为 `CarController`，代码如下：

```
using UnityEngine;
public class CarController : MonoBehaviour
{
    // next steps
}
```

2. 定义成员变量：

```
public float speed;
public float maxSpeed;
public float steering;
public float maxSteering;
public Vector3 velocity;
```

3. 实现 Update 函数，让汽车跑起来并控制方向：

```
private void Update()
{
  transform.Rotate(Vector3.up, steering, Space.Self);
  transform.Translate(Vector3.forward * speed * Time.deltaTime,
Space.World);
}
```

还要实现跟踪节点：

1. 创建一个新文件，命名为 TrackNode，代码如下：

```
using UnityEngine;

public class TrackNode : MonoBehaviour
{
  // next steps
}
```

2. 定义用于节点的成员变量：

```
public float raceWidth;
public float offWidth;
public float wallWidth;
public TrackNode prev;
public TrackNode next;
public Vector3 normal;
```

3. 定义 Awake 函数，用于初始化，代码如下：

```
private void Awake()
{
  // next step
}
```

4. 计算法向量：

```
normal = transform.forward;
if (prev != null && next != null)
{
  Vector3 nextPosition, prevPosition;
  nextPosition = next.transform.position;
  prevPosition = prev.transform.position;
  normal = nextPosition - transform.position;
  normal += transform.position - prevPosition;
  normal /= 2f;
  normal.Normalize();
}
```

运行原理

　　CarController 类是用于连接驾驶员和汽车的接口，就像在现实生活中一样。无论驾驶员是真实的玩家还是 AI agent, 汽车的行为都是一样的, 这取决于驾驶员如何充分利用这一点。我们把所有变量置为公共, 因为驾驶员需要来自汽车的反馈。有 UI 或游戏控制器的玩家甚至可以感受到其他驾驶员的行为, 而 AI 驾驶员也需要得到同样的信息。

10.6 使用橡皮筋系统管理竞速难度

我们通常想创建能够适合玩家的游戏体验, 而竞速游戏在这方面来说是一个很好的领域, 因为这是作弊 agent 可以实现的。

在这里, 我们将通过使用一个框架来探索解决这个问题的中间层, 该框架允许提出自己的启发式方法, 根据车的状态管理车的速度。是街机竞速游戏还是竞速模拟器都不重要, 此框架的目标是在两种情况下以类似的方式工作。

准备工作

理解第 1 章的基础技巧非常重要, 以便能够开发出一个策略去扩展适合我们自己需求的框架, 也就是要理解 agent 类的工作原理以及这些行为如何帮助玩家朝着一个物体移动。简而言之, 我们要讨论的是向量操作。

操作步骤

我们要实现 3 个不同的类, 用于管理下层和上层 AI, 步骤如下:

1. 创建用于基础对手的 agent 类:

```
using UnityEngine;

public class RacingRival : MonoBehaviour
{
    public float distanceThreshold;
    public float maxSpeed;
    public Vector3 randomPos;
    protected Vector3 targetPosition;
    protected float currentSpeed;
    protected RacingCenter ghost;
}
```

2. 实现 Start 函数:

```
void Start()
{
    ghost = FindObjectOfType<RacingCenter>();
}
```

3. 定义 Update 函数, 用于管理要跟随的目标位置点:

```
public virtual void Update()
{
    targetPosition = transform.position + randomPos;
```

```
        AdjustSpeed(targetPosition);
    }
```

4. 定义根据位置相应地调整速度的函数：

```
public virtual void AdjustSpeed(Vector3 targetPosition)
{
    // TODO
    // 这里是你的行为代码
}
```

5. 创建用于管理幽灵驾驶员或无敌竞速者的类：

```
using UnityEngine;

public class RacingCenter : RacingRival
{
    public GameObject player;
}
```

6. 实现初始函数，用于找到目标：

```
void Start()
{
    player = GameObject.FindGameObjectWithTag("Player");
}
```

7. 重写 Update 函数，这样无敌汽车就可以适应玩家的行为了：

```
public override void Update()
{
    Vector3 playerPos = player.transform.position;
    float dist = Vector3.Distance(transform.position,
     playerPos);
    if (dist > distanceThreshold)
    {
        targetPosition = player.transform.position;
        base.Update();
    }
}
```

8. 实现特有的行为：

```
public override void AdjustSpeed(Vector3 targetPosition)
{

    // TODO
    // 当也应用基础行为的情况下使用
    base.AdjustSpeed(targetPosition);
}
```

9. 创建用于管理上层 AI 的类：

```
using UnityEngine;

public class Rubberband : MonoBehaviour
{
    RacingCenter ghost;
```

```
    RacingRival[] rivals;
}
```

10. 在橡皮筋系统中为每个竞速者指定随机位置。我们在本例中使用的是一个环形的橡皮筋：

```
void Start()
{
    ghost = FindObjectOfType<RacingCenter>();
    rivals = FindObjectsOfType<RacingRival>();
    foreach (RacingRival r in rivals)
    {
        if (ReferenceEquals(r, ghost))
            continue;
        r.randomPos = Random.insideUnitSphere;
        r.randomPos.y = ghost.transform.position.y;
    }
}
```

运行原理

上层的 AI 橡皮筋系统指定竞速者要占用的位置，每个竞速者有其自己的行为来调整速度，尤其是无敌竞速者。而 agent 作为众多橡皮筋的中心，如果玩家的速度超出其阈值，agent 就去适应玩家，否则 agent 就保持原样，来回变道。